軍政部部務會報紀錄
（1945-1946）

Meeting Minutes of
Military Administration Department
1945-1946

陳佑慎／主編

導讀

陳佑慎
國家軍事博物館籌備處史政員

一、軍政部的職權與地位

抗日戰爭結束前後，國民政府的最高中央軍政機關
——軍政部，已經踏上自身歷史的最後階段，但同時也
處於影響力大增的時期。1946 年 5 月，軍政部正式裁
撤，所屬單位大部移編新制的國防部（及其下的聯合勤
務總司令部等），軍政部長陳誠則接掌首任國防部參謀
總長。軍政部之所以在最活躍的時刻走向落幕，得從幾
個角度進行說明，分別是軍政部的機構職權、軍政部長
陳誠的個人作用、以及國內外政治軍事情勢發展。這部
史料的內容，收錄自 1945 年 1 月迄1946 年 5 月裁撤前
夕，軍政部的歷次部務會報紀錄，呈現了軍政部在陳誠
主持之下，如何面對當時千頭萬緒的軍事局面。

軍政部最初成立於 1928 年 11 月，隸屬行政院，掌
管全國軍隊的編制、軍需、兵工等「軍事行政」事宜，
職權並不及於作戰、情報、軍事教育訓練等項。關於後
者，亦即所謂「軍令」、「軍訓」事項，係由直隸國民
政府（而非行政院）的參謀本部、訓練總監部管轄。以
後，國民黨政權的軍事制度幾經調整，先是 1932 年重
設直隸國民政府之軍事委員會，並增設委員長（蔣介
石）一職，繼之參謀本部、訓練總監部在抗日戰爭初期

改組為軍事委員會之軍令部、軍訓部；至於軍政部，持
續隸屬於行政院，但同時接受軍事委員會的指揮。合軍
政部、軍令部、軍訓部，連同掌管軍隊政工之政治部，
即為軍事委員會四個最主要部。[1]

　　基本上，前面提到的軍政、軍令、軍訓之分工架
構，反映了近代中國承襲德國普魯士、日本明治憲法的
軍制觀念，相當程度上已限縮了政府內閣（行政院及
其軍政部）的軍事權限，與英美等國的軍制觀念差異
較大。而國民政府軍事委員會作為獨立於內閣之外的
機構，位居軍政、軍令、軍訓各部之上，又使軍政部
的地位更加曖昧。1943 年間，著名法學家陳之邁出版
《中國政府》，即直指「軍事行政在現制下不完全屬於
行政院，而且大部分不在行政院，這種情形與外國的通
例頗不相同；在行政院內誠然有一個軍政部，但軍政部
同時又隸屬於行政院以外，而不與行政院相統屬的軍
事委員會」。[2] 1950 年代，軍事史研究學者劉馥（F. F.
Liu）則形容，國民政府仿若是由「軍事政府」（military
administration）和「文治政府」（civil administration）
兩者合組而成，再以軍政部將兩者連接起來。[3]

1　自1938 年1 月起，軍事委員會均以參謀總長、副參謀總長、軍
　　令部長、軍政部長、軍訓部長、政治部長，以及軍事參議院院長
　　為當然委員。軍事參議院的性質較為特殊。從此可知，軍令、軍
　　政、軍訓、政治四部長的地位，較軍事委員會內其他部門首長為
　　高。參見周美華編，《國民政府軍政組織史料》（臺北：國史館，
　　1996），第1 冊：軍事委員會（一），頁84、91。

2　陳之邁，《中國政府》（上海：商務印書館，1945），第 2 冊，
　　頁22-27。

3　F. F. Liu, *A Military History of Modern China, 1924-1949* (Princeton:
　　Princeton University Press, 1956), p.78.

　　抗日戰爭後期，國軍受到的美國影響逐日加深，國
民政府的軍事制度和美國之差異，也就更加醒目起來。
在本書史料的收錄範圍中，1945 年 1 月 22 日，陳即以
軍政部長身份提醒下屬，切勿將中國軍政部類比於美國
之戰爭部（United States Department of War，陳誠稱之
為「美國軍政部」，為 1949 年以後美國國防部的部分
前身），略云：「美國軍政部無異於中國之軍委會。中
國軍政部並非主管全般軍政業務，實僅限於陸軍之軍
政，即陸軍軍政亦未能全般管轄。今以其最重要之人事
而論，其主管部門即有銓敘廳、兵役部、撫卹委員會、
軍法執行總監部四個單位。」（第三次部務會報）

　　但究其實際，要理解這階段軍政部實際扮演的角
色，更應該考量部長陳誠所肩負的特殊任務。抗日戰爭
爆發前，陳誠受蔣介石之倚重，藉出任軍事委員會委員
長武昌行營陸軍整理處處長、軍政部次長等職，已經深
度參與國軍的「整軍」工作，要點是改組中央軍事機
構、分期整理編練全國陸軍部隊。[4] 這次整軍計畫並未
完成，抗日戰爭即告全面爆發，陳誠則先後轉任集團軍
總司令、軍事委員會政治部長、戰區司令長官、遠征軍
司令長官等職。惟到了 1944 年底，陳誠轉任了軍政部
長，又再一次地身涉整軍工作，而且牽動層面、推動規
模更加浩大。以下說明其間的經過。

4　陳佑慎，《國防部：籌建與早期運作（1946-1950）》（臺北：民
　　國歷史文化學社，2019），頁52-65。

二、陳誠接掌軍政部的經緯

　　1944 年 4 月，日軍發動一號作戰，亦即國軍戰史
所稱的豫湘桂會戰，6 月陷長沙，8 月下衡陽，10 月奪
桂林。國軍節節敗退，大後方輿論遂為之沸騰，群起指
責國軍風紀、補給、運輸、兵役等諸項弊端，而軍政部
（時任部長何應欽）尤其備受各方面抨擊。在危急聲
中，蔣介石親自主持黃山整軍會議，務求整飭軍紀、
振作士氣、充實兵員、加強戰力。旋軍政部兵役署署
長程澤潤因新兵受虐案遭蔣介石痛斥，後獲罪伏法。11
月，軍政部長何應欽辭職，遺缺由陳誠接任。

　　陳誠接任軍政部長以後，當即抱持「倒樹尋根」、
「絕不可枝枝葉葉，扶得東來西又倒」理念，一心推動
大範圍、大規模的整軍工作。1944 年 12 月初，日軍撤
出貴州獨山，日軍一號作戰的攻勢漸入尾聲，國民政府
陪都重慶的危機得告解除。陪都危機過去，陳誠立就軍
事機關、學校、全國部隊，以及補給、運輸、兵役、力
役、兵工、醫藥等，細加檢討。1945 年 3 月，正式提
出整軍綱要，計分為整編部隊、加強訓練、改善衛生、
實物補給、平均待遇、核實發放、裁併機構、簡化系
統、安置編餘人員等項。上揭計畫既已提出，旋獲蔣介
石批准施行，並成為軍政部的主要任務。[5]

　　抗日戰爭結束前夕，軍政部已會同軍令部、軍訓部
等軍事委員會各部院會廳，擘劃軍事復員之藍圖，延續

5　關於抗戰後期陳誠接掌軍政部、主導整軍工作的經緯，參見陳誠
　　著，何智霖編輯，《陳誠先生回憶錄：六十自述》（臺北：國史
　　館，2012），頁95-102。

整軍綱要的基調，擬全國只保留部隊官兵 170 萬人、機關員兵 27 萬人，學校員生 3 萬人，共約 200 萬人。至於「編餘」、「復員」官兵 300 餘萬人，則規劃轉業至築路、水利、漁業、礦產、墾殖、政工、教育、治安等崗位。以後實際辦理情形，各機關編餘、無職軍官佐均由中央訓練團在各地的「軍官總隊」收訓。[6] 截至 1947 年 1 月止，中訓團軍官總隊已收訓編餘、失業軍官佐 21 萬餘人，安置在 30 個軍官總隊、6 個直屬軍官大隊。[7]

另一方面，在抗日戰爭最後期階段，國軍部隊的任務由準備反攻，邅易為部署受降，軍政部的角色也相當吃重。本來，對日佔區的軍事反攻、受降，主要是軍令部及同盟國中國戰區陸軍總司令部（總司令何應欽兼）的任務。不過，大軍移轉牽涉的交通運輸、補給，均為軍政部的業務範圍。而原訂的整軍工作，現更須納入廣大的敵後游擊部隊、「偽軍」部隊，問題尤為複雜。

例如，當時國軍由西南大後方開赴華北、東北地區受降，適逢節序由秋入冬。西南部隊的裝備，不足以擋北方朔風之凜冽。軍政部辦理採購製造、分配諸事，備極繁忙。而大軍移轉，端賴交通。其中，水路交通因戰時海軍藉鑿船、水雷等手段封鎖，早已阻塞不通。至於

6 「國防部第一廳三十七年度重要業務計畫」，〈國防部所屬年度重要業務計畫〉，《國軍檔案》，檔號：060.22/6015.6；盧則文，〈中央訓練團之昨・今・明〉，《中央日報》，1948 年 3 月 1 日，版4。

7 中國第二歷史檔案館編，《中華民國史檔案資料匯編》（南京：江蘇古籍出版社，1979-1997），第 5 輯第 3 編：軍事（一），頁 541、564。

陸路交通，亦因戰亂緣故多處切斷，加之中共抗命、國軍缺乏交通工具，更顯柔腸寸斷。軍政部面臨之困難，業務之繁瑣，的確非筆墨所能盡述。[8]

　　至於「偽軍」問題，更引起陳誠和其它國軍高層的歧見。由於國共軍事摩擦日起，一部分國軍高層主張儘量留用「偽軍」部隊，或者至少謹慎裁編，避免其「奸匪所乘所用」。反之，另一部分國軍高層則振振有詞聲言「國軍抗戰軍官，尚在編餘，而偽軍新近發表總司令及軍長者多，精神影響，至為不良」，主張一律遣散。[9] 當時，軍事委員會參謀總長、兼同盟國中國陸軍總司令何應欽，以及副參謀總長兼軍訓部長白崇禧，較主收編留用之策。陳誠則傾向於遣散，與何、白等人意見不合。[10]

　　持平說來，國軍高層對整軍全盤政策的態度不一，實務上不無論正反意見都無法貫徹。畢竟國共軍事衝突正在逐日升溫，最終導致整編計畫僅能局部施行，駐華北、東北的國軍部隊基本上大致保持原樣。與此同時，相當數量的「偽軍」部隊未被遣散，依然得到國民政府留用，投入新一階段的對共作戰。雖然，留用的「偽軍」部隊經過改編（番號上常有新編、暫編一類字樣）

8 陳誠著，何智霖編輯，《陳誠先生回憶錄：六十自述》，頁97-98。
9 陳佑慎主編，《抗戰勝利後軍事委員會聯合業務會議會報紀錄》（臺北：民國歷史文化學社，2020），頁92-94。
10 陳誠著，何智霖編輯，《陳誠先生回憶錄：六十自述》，頁155；賈廷詩等訪問紀錄，《白崇禧先生訪問紀錄》（臺北：中央研究院近代史研究所，1984），下冊，頁860；陳恭澍，《平津地區綏靖戡亂》（臺北：傳記文學出版社，1988），頁8。

以後，備嚐各種有意無意的歧視，大有夾縫中求生存之感。[11]

　　整軍政策的推動，就在各方爭議聲中，步履艱難地前進，期間還歷經了國府還都、中央軍事機構改組等重大事件。1946 年 4 月 27 日，軍政部召開在陪都重慶的最後一次會報。其時，該部人員陸續自重慶遷返南京，舟車疲憊，忙於安頓。同年 5 月 11 日，軍政部召開最後一次部務會報。6 月 1 日，軍事委員會及軍政部均正式撤銷，行政院國防部成立，首任部長白崇禧，參謀總長陳誠。白崇禧依舊對整軍政策大不以為然。惟當時國防部長的職權並不明確，反之參謀總長下的參謀本部，事實上接收了舊制軍事委員會軍政、軍令、軍訓、政治諸部的大部分業務，包括整軍政策。[12] 故而，陳誠持續被各界視為整軍政策的操盤手，備受反對該政策者的質疑。其後國共軍事逆轉，中國大陸陷共，外界頗有歸咎於整軍政策不當、集矢於陳誠者。但這部分的經過，就超出本史料的收錄範圍了。

三、軍政部部務會報紀錄的史料價值

　　綜合觀之，抗日戰爭結束前後國民政府的整軍（含括游擊部隊、「偽軍」，乃至於中共軍隊的改編問題）、受降、接收等工作，事涉軍事委員會、同盟國中國戰區陸軍總司令部、以及行政院各部，並非軍政部獨

---

11 參見劉熙明，《偽軍：強權競逐下的卒子（1937-1949）》（臺北：稻鄉出版社，2011）的相關討論。

12 陳佑慎，《國防部：籌建與早期運作（1946-1950）》，頁189-212。

攬的業務。而各項工作尚未告成，中央軍事機構進行調
整，軍政部也隨同其它中央軍事機構結束，併入新制
的行政院國防部當中。就此而言，本書收錄的 1945 至
1946 年間軍政部部務會報紀錄，無法含括前揭各項重
大軍事課題的全貌。

　　不過，當時由陳誠主持之軍政部，的確在整軍等工
作中扮演樞紐角色。而即使在軍政部結束，國防部成立
後，陳誠猶以國防部參謀總長身份繼續統籌辦理，政策
上有極明確的延續性。因此，對想深入認識相關課題的
讀者來說，本書無疑仍是重要參考史料。

　　藉由本書收錄的軍政部部務會報紀錄，讀者可一窺
陳誠部長任內，軍政部處置整軍、接收、復員、還都，
以及各類裝備、軍需（主要為被服、銀錢方面）、兵
工、軍醫、人事（主要為榮譽軍人管理、軍事學校畢業
員生調查）等工作的動態決策過程。所謂軍政部部務會
報，係由部長或次長主持，部內各單位主管參加之小型
會議，約每週召開 1 次。其用意為，使部內各單位主管
通報彼此應聯繫之業務事項，當面作例常性的溝通、協
調；而主持會議之部長、次長，則可當面核判重要繁複
公事之須當面商詢、共同商討者。藉此，減少了機關的
繁複公文程序，降低指揮鈍重現象。[13]

　　類似的會報模式，在同時期的國軍其它高級機構身

---

13 嚴格說來，國軍檔案史料上所謂「會議」、「會報」、「聯席辦
　 公」等用語，另有分別定義，惟實務上並未完全依循。其詳細情
　 形，參見陳佑慎主編，《抗戰勝利後軍事委員會聯合業務會議會
　 報紀錄》，導讀部分。

上，也能夠見到。例如，經過長時間的發展，抗日戰爭結束之初，國軍高層形成了「官邸會報」、「軍事委員會聯合業務會報」（1945 年 10 月 15 日前稱為聯合業務會議）、「軍事委員會軍事會報」等數個重要的例常性會報。官邸會報由軍事委員會委員長蔣介石親自主持，召集軍事委員會各單位主管參加，當時軍事戰守大計多決定於此間。至於聯合業務會報、軍事會報，則由軍事委員會參謀總長以下主要官長主持，軍事委員會各單位主管共同參加，基於蔣介石拍板的政略戰略方針，決定具體施行辦法；聯合業務會報聚焦於軍事行政及一般業務，軍事會報聚焦於「綏靖」業務（實即對共作戰）。[14]

陳誠曾言，「（軍事委員會）各部對主管業務能自行解決者，即由部長負責處理；不能解決者，提經官邸會報或聯合業務會報決定；再重大者，始呈請委座核示」。[15] 這段話，清楚描繪了當時國軍中樞決策的重要流程。其實，各部在面對「業務能自行解決者」時，內部通常也是藉由各種會議、會報產生結論，再進行各種決策。軍政部的部務會報，就是軍政部的內部主要決策機制。

前揭的軍事委員會聯合業務會報，歷次紀錄在日前已由民國歷史文化學社整理出版。讀者將之參照軍政部

---

14 陳佑慎主編，《抗戰勝利後軍事委員會聯合業務會議會報紀錄》，〈導讀〉。

15 陳佑慎主編，《抗戰勝利後軍事委員會聯合業務會議會報紀錄》，頁82。

部務會報的內容，定能勾勒一幅充滿肌理的歷史圖景。
例如，1945 年 9 月 1 日軍政部次長林蔚曾提醒，「本
部應提聯合業務會報之案件，希各署處室事先妥為準
備」（第二十九次部務會報紀錄）。又如，4 月 14 日
軍政部部務會報決議「我國軍隊服制，即須改進，可仿
效美軍式樣，速行辦理」。但此事並非軍政部可獨斷專
行，林蔚遂於 6 月 2 日於部務會報指示「軍服制式變更
案，下週可提交軍委會會報，俟核定後即可施行」（第
十七次部務會報紀錄）。這些事例，反映了軍事委員會
聯合業務會報、軍政部部務會報之間的連動關係。

當然，讀者從軍事委員會聯合業務會報、軍政部部
務會報兩部史料所勾勒的歷史圖景中，也可能看到國軍
中央機關政出多門的情形。例如，1945 年 6 月 9 日，
陳誠曾於部務會報表示：「過去往往應由本部主辦之案
件，而軍委會辦公廳或侍從室逕行辦，出事後又未通
知，頗有紛歧脫節之現象，同時下級承受機關亦苦無所
適從。嗣後本部辦公室應與兩單位切取聯繫，並準備此
案提軍委會會報」（第十八次部務會報紀錄）。有時
候，這類脫節現象，背後更是國軍高層意見分歧的反
映，尤其是涉及整軍問題諸項。例如，1945 年 12 月 1
日，軍政部軍需署署長陳良於部務會報報告「關於整編
後之偽軍，其待遇問題，總長指示與部長指示不同，如
何辦理？」（第三十九次部務會報紀錄）相關案例，在
兩部史料中隨處可見，值得讀者細加尋索。

但無論如何，先後整理出版的軍事委員會聯合業務
會報、軍政部部務會報紀錄，呈現了兩個機構在自身歷

史最後階段的決策動態過程。有鑑於兩個機構的歷史最後階段，又適逢國家政治、軍事發展的極關鍵時期。讀者利用這兩部史料，並參照其他資料，綜合考量其他國內外因素、以及兩機關結束以後所屬業務的發展情形，定能更深入地探析近代中國軍事、政治史事的發展。

編輯凡例

一、本書收錄 1945 年 1 月至 1946 年 5 月軍政部部務會
報紀錄。

二、為便利閱讀，部分罕用字、簡字、通同字，在不影
響文意下，改以現行字標示；原會報紀錄階層標號
不一，特予修改統一；以上恕不一一標注。

三、本書史料內容，為保留原樣，維持原「偽」、
「奸」、「匪」等用語。

軍政部部務會報紀錄人名錄

軍事委員會
參謀總長　　　何應欽

軍政部
部長　　　　　陳　誠
次長　　　　　林　蔚　俞大維
部長辦公室主任　吳　石

總務廳
廳長　　　劉翼峯　錢壽恆

馬政司司長　　　武泉遠
軍法司司長　　　劉千俊
騎砲司司長　　　侯志馨
通信兵司司長　　吳仲直
機械化司司長　　向軍次
　　　　　副司長　　諶志立

兵役署
署長　　徐思平
副署長　鄭冰如

軍需署
署長　　　　陳　良

副署長　　　趙志垚　嚴　寬
財務司司長　孫作人
儲備司司長　莊明遠
營造司司長　黃顯灝
糧秣司司長　黃壯懷

兵工署

署長　　　　楊繼曾
副署長　　　楊繼曾
軍械司司長　陳東生　洪士奇
製造司司長　鄭家俊

軍醫署

署長　　　　徐希麟
副署長　　　吳麟孫　陳立楷
衛生司司長　徐世綸

軍務署

署長　　　　方　天
副署長　　　郭汝瑰
參謀室主任　彭鍾麟
交輜司司長　王　鎮

海軍處

副處長　周憲章

會計處

會計長　李　鄰

人事處

處長　陳春霖　劉雲瀚
代表　彭　璞

後勤總部

總司令　　　黃鎮球
副總司令　　端木傑
參謀長　　　郗恩綏
運輸處處長　任顯群

憲兵司令部

司令　　張　鎮
參謀長　湯永咸

衛戍總部

主任　　侯志明
參謀長　郝家駿

青年軍編練總監部

總監　　　　霍揆彰　羅友倫
代總監　　　霍揆彰
主任　　　　毛鴻藻
參謀長　　　張言傳
軍務處處長　霍揆彰

青年軍復員管理處
辦公廳主任　戴之奇

中訓團
副教育長　黃仲恂

第十四軍軍長　余錦源　羅廣文

越南區
特派員　邵百昌

畢業生調查處
處長　賈亦斌

新疆供應局
局長　劉雲瀚

榮譽軍人總管理處
處長　魏益三

駐昆管理處
主任　邵百昌

附註：部分人名無法查得，從略。部分人名因曾擔任
　　　不同職位，故有重複。

目　錄

軍政部三十四年度
部務會報紀錄

第一次部務會報紀錄

時　　間：一月八日
地　　點：本部會議廳
出席人員：詳簽到簿
主　　席：部長陳
紀　　錄：韋偉

一、主席諭示

甲、上次會報軍醫署所提派員赴美考察一案，目前似無
　　必要，可簽呈委座核示。（軍醫署擬簽）

乙、軍醫署所屬尚有五百餘個單位，應再加調整，如在
　　東南、西南、西北要區分設主要醫院，並分區配設
　　分院，預料有五十個醫院，即堪足用。

丙、自卅四年起各部隊政工經費改由本部併在部隊經費
　　內轉發，惟聞政治部方面辦理結束尚須半年，希由
　　軍需署、會計處研究簡捷之方法，最好在二、三個
　　月內即辦理完畢。

丁、會計處之業務必須著重考核，不使作假舞弊為要，
　　著其組織，亦不必在每個單位內均設會計室，最好
　　會計處所屬單位以八個至十五個為度，其餘概由各
　　部隊機關長官各自負責，俾可促進分層負責，減少
　　輾轉稽延，目前會計處所屬預算單位有二萬餘個之
　　多，應即擬具調整計畫呈核。

　　其他各署司所屬單位亦不宜過多，均以不超過十五
　　個為宜，因組織如布之有經緯，如人之有手足，應

縱橫有序，脈絡相承，逐層節制負責，發展效用，
軍政部業務之所以辦理未善，即為尚未做到分層
負責所致，嗣後務必提綱挈領，分層節制，分層
負責。

戊、嗣後會報可排定座次，由各單位按次報告（限於與
其他單位有關事項），並檢討前次決議案經辦情形
及新辦事項。

己、本部應有設備較齊之印刷所，希由總務廳計畫
辦理。

二、次長林提示

（一）上次會報所提軍政方針業已重加修正，並經依
據方針草擬綱要。

（二）戰車員兵整補處業已裁撤，其人員撥歸四十
八師。

（三）軍政部改組業已奉批准。

（四）新疆之預算與補給應作整個研究決定。

（五）發給湯恩伯部四十萬雙鞋襪，應即送去。

三、儲備司報告

湯恩伯部四十萬雙鞋襪可定於本月十日送去。

四、會計處報告

新疆預算已定八十九萬萬元。

五、軍需署報告

（一）新疆糧食問題亟待解決，至盼新疆方面派於參
謀長來渝洽商。

（二）48D 附員原有七百餘人，經裁減後尚有六百六
十五人，所需經費頗鉅，如何，乞示。

主席諭示：

1. 新疆除糧餉外，運輸費亦屬重要，可電商朱長官、吳
主席，希望派負責人員，軍事方面，希望派於參謀
長來渝洽商。（此電由軍委會辦公廳發）

2. 四十八師，可裁撤其機械化部隊可另編一旅或一團，
其餘可編入第五軍。（軍務署擬辦）

六、榮譽軍人管理處報告

上次會報主席提示希望傷病兵之生產，最少三分之一
之人數應使自給自足，惟本處經費有限，如何辦理，
乞示。

主席諭示：

此可另行研究，提出整個改進方案。

七、兵工署報告

甲、陳述中印路運輸噸數、存印與運華途中物資噸數，
以及與美方洽談情形。

乙、本署駐昆倉庫員工眷糧擬請照向例批准支給。

主席諭示：

甲、請林次長會同軍需署陳署長、兵工署楊副署長洽商
研究。（已辦）

乙、官兵薪給標準現正重新擬案調整，計有原則四項：

　　1. 軍職人員待遇應與文官一致；

　　2. 薪給不以職務為準，以階級為準；

　　3. 官兵薪餉比率勿相差過遠；

　　4. 副食以發給實物為主，俟本案實行，各地官兵給
　　　 與均照此案辦理。

八、馬政司報告

關於中美聯合購馬處組織系統、關防、人事、經費，擬
具辦法乞核。

主席諭示：

美方約請我方派員協同購馬，應即派員通知美方可也，
所需費用可通知軍需署照發，並可另電何柱國詢問購馬
之手續、價格，及其可能購得之匹數。

九、總務廳報告

甲、本部各直屬單位編制與本部大事記、軍人手牒以及
　　中全會、參政會各種報告，原由文書科承辦，嗣後
　　擬請將編制劃歸軍務署，大事記劃歸編譯室，軍人
　　手牒劃歸人事處，中全會與參政會之報告劃歸參事
　　室辦理。

決議：

中全會、參政會之報告可由各單位提供材料送軍務署彙
集主辦，軍人手牒應切實推行，可由軍需署添印薪給，
俾將來核計兵員有否發餉，即可以此為據，其餘照辦。

乙、奉委座電飭，就元旦訓詞意旨，按照本機關主管
　　業務性質，扼要擬訂方案，限本月十日送辦公廳彙
　　陳，請各單位於本日五時前提出方案送廳彙辦。

旋奉主席宣示委座訓詞之主旨在於多難興邦，自力更
生，並闡示訓詞中提高行政效率三項要目，且指出本部
承辦公文手續尚欠簡捷，嗣後可改為總收總發，集中繕
校，誥誡本部各單位辦事職責不在於公文上用工夫，應
在於改善官兵生活、加強戰鬥力量，並須接收批評，切
勿包庇部屬，貫徹政令，達成任務。

十、散會

第二次部務會報紀錄

時　　間：一月十五日上午十時
地　　點：本部會議廳
出席人員：詳簽到簿
主　　席：次長林
紀　　錄：黃超人

一、開會如儀

二、主席訓示

（一）本年元旦國府紀念週，委座訓示各節，著研究改
　　　進方案呈核委座，頃於紀念週中又經提及，限
　　　於本月二十日送呈。

（二）本部本年度施政方針業經呈准並已連同施政綱要
　　　印發在案，此項施政方針及施政綱要，均係極
　　　機密文件，切勿洩露，並應逐步依點實施，綱
　　　要內規定應行整理裝備之師，尤應儘先依照規
　　　定執行。

（三）補給辦法新有規定，每一補給基地設一基地司
　　　令，管轄各該基地內一切補給機構，如倉庫、
　　　兵站等；現假定分為西北、東南、西南三區，
　　　西北基地司令部將設襄城附近，東南或設於
　　　瑞金，西南則設昆明、重慶兩基地司令部，本
　　　部各署司如有倉庫，應先行計劃如何歸併、移
　　　動，及撥交各該基地司令部管轄。限二十一日

報核。

（四）重要業務週報表，業經規定格式，惟各單位送呈者頗少，以後希每週按期填報，填報單位以本部直轄之各署司處室為限，由部辦公室按期彙呈催報。

（五）文書處理改進辦法，業經規定印發，現仍未見實施，希飭各主管人員依照規定辦理。

（六）重慶軍用電話可由部接收，著通信兵司依照規定負責整理；現正在交接期間，困難之處在所難免，希能詳加研究，時自檢討；其未經規定者，亦可酌情提出。此外裝置電話方面，雖有因情面難卻而經批准者，亦不妨仍按原定計劃辦理。

（七）國府紀念週現規定由各部長官輪流擔任報告，本部各單位須隨時準備材料，以便彙集，材料內容應以大項目而能附具數字證明者為主。

三、檢討本部上次部務會報紀錄

四、提案討論

（一）兵工署提

戰時生產局需要及生產優先委員會，明（十六）日下午三時開會審查各機關在中央財政協助協定案內申請購料清單，電請本部派定代表一人出席，此案以與本部各單位多有關係，特提請指派代表，並請各單位將購料清單副本送交代表攜往參加。

主席諭：

仍由兵工署楊副署長出席。

五、報告事項

（一）總務廳報告

「元旦訓詞研究方案」，軍委會限於本月二十日呈報，
經由廳通知各單位，務請於本月十五日以前送廳。

軍需署意見：

本案可擇其大者扼要提呈。

主席諭：

1. 「研究方案」本部各單位送呈時間可改為本月十八
   日，以便能有充分時間準備。

2. 該方案由總務廳彙齊，善為整呈核。

（二）人事處報告

人事業務整理辦法，現分四點報告：

1. 嗣後凡關於各單位各項人事簽擬案件，一律按公文
   處理辦法，直交人事處審核簽辦（新進人員須檢呈
   資歷證件），其不重要而無時間性者，均須按照銓
   敘規定手續，並附具詳歷任免表及保證書等件，呈
   部核辦（不送證件者不給委及不報會核委）。

2. 隸屬各戰區部隊之各級業科軍佐（軍需、軍醫、獸
   醫）按照人事中心管理權責劃分辦法之規定，均歸
   本部管理，除軍需業務人員已由人事處接管外，其
   他如軍醫、獸醫各業科軍佐，均劃歸人事處辦理，
   以一權責。

3. 各輜重汽車兵團人事，曾於去年隨交通司撥交後方

勤務部辦理，現以該部即將改組，所有各輜重汽車
人事，著仍劃歸本部管理。

4. 本部所屬各特種兵部隊人事，均按照所定整理辦法
第一項，一律逕送人事處核辦，以明權責；如認為
與業科主管單位有關時，得先移送各該單位簽註意
見，再送人事處核辦。

（三）軍務署報告

1. 城塞局已歸併本署工兵司，要塞訓練班撤銷。

2. 戰砲總隊及訓練班已撤銷。

工兵司報告：

要塞工兵團本週內可出發。

馬政司報告：

前派赴昆明與美方合購馬匹人員，現已到達，並已有報
告到司。

（四）兵工署報告

1. 戰時生產局本日下午三時開會討論二月份空運入國
物資噸位分配案，查本月份本部所得分配計：兵工
署三百噸，軍需署五十噸，交通司五十噸，軍醫署
無，共四百噸；本月份以兵工材料與美軍協商在彈
藥噸位內勻撥六百噸，故擬仍維持原數，其他部分
應提出何數為最少限度，請核定，以便代表本部
提出。

主席諭：

與生產局商議增加一百五十噸供給軍需、軍醫兩部分物
資內運之用。

2. 上星期六生產局開會討論各軍事機關一九四五年向

美租借新申請案，美軍部及對外作戰經濟局均有代表參加，生產局方面已將各軍事機關申請數核定，除直接軍事者（如完成之械彈、飛機、設備等）移送軍委會，關於運輸所用之器材、油料由該局優先處與戰時運輸局另行核議外，計兵工署二、一一五噸，軍需署一七、九一二噸，軍醫署一、六一四噸，交通司三、五四四噸，航委會一、六二三噸，軍令部六一噸，政治部六一噸，海軍總司令部（水雷）三七三噸，共計二萬七千三百○三噸。

3. 三十一兵工廠現在西安興平，頃奉令遷沔縣，想係因沔縣糧價較廉及距前方較遠之故，惟該地煤鐵是否可以供應，尚不知悉，已派員赴該地調查，將來或再向後推至陽平關亦未可知。

4. 顧長官所提東南補給計劃內，所需由此間補給之物資甚多，但最困難者為運輸問題，現擬以部長名義函魏德邁亞商借軍機，先運急需之槍藥二十噸，如能成功，以後其他物資始可源源續運。

（五）軍需署財務司報告：

1. 昆明購馬費已於十五日墊發壹億元，電匯第八軍需局轉撥石科長，請會計處提前核辦，並另行撥款。

2. 回國之 14D、N22D 軍輜費已照美方意見增為每馬每月三百五十元（原為 150 元），本日下午中美聯合會報時，由後勤部端木副部長簽復美方。

3. 本年度國防工事費預算為六億元，現已支出壹億九千餘萬元，佔全數三分之一。

主席諭：

國防工事應以永久性者為準，以節省經費開支。

儲備司報告：

申述軍需署需要物資噸數情形。

六、臨時動議

主席諭：

1. 頃奉部長條諭：

「(1) 本部各單位編制太大，人員過多，應研究裁減辦法。(2) 本部附屬各種不必要或不急需之機關應一律裁撤。」等因，希各單位負責研究，新成立者不得擴大，原有機構應提出具體之裁減方案，尤須將現有人數調查清楚。本部直轄之附屬機關，由總務廳擬呈，統限於本月二十日列表送部呈核。（又於十八日另頒發表式）

2. 各單位領發軍米有不實不平情事，以後可查照編制核發，眷糧亦應按實有人口發給。本案並先由軍需署擬定計口授糧辦法，再候提軍委會報告決定後實施。

七、散會

第三次部務會報紀錄

時　　間：一月二十二日上午十時

地　　點：本部會議廳

出席人員：詳簽到簿

主　　席：部長

紀　　錄：黃超人

一、開會如儀

二、檢討上次部務會報紀錄

（一）關於補給機構調整問題，定明（廿三）日下午
　　　八時三十分，仍在本部會議廳召集軍務署、軍
　　　需署、兵工署、軍醫署、後勤總司令部及所屬
　　　有關各司開會商討。

（二）重慶軍用電話之整理，著仍由交通司繼續承辦。

（三）軍需署所擬計口授糧辦法，應迅速提呈，以便
　　　轉呈軍委會。

三、主席指示

（一）頃於國府紀念週中賈部長報告四點，大部係檢
　　　討上年度銓敘部工作情形，其中頗足發人深省
　　　之處：
　　　1. 確立人事制度：賈部長希望辦理人事須按人
　　　　 事法規辦理，委座並予補充謂「人事不上軌
　　　　 道，則國家等於無組織。」現銓敘部正召集

會議，商討人事業務之推進事宜，將來如有
所規定，本部應首先遵守。

2. 「無官不任職，無職不給官。」中國人事關
係只是私人關係，以致以國家之名器金錢養
成私人工具，所謂「私生子」之現象，此種
病態務須根本剷除，使國家之人能為國家使
用，其改革辦法即為未經敘官人員不予職
位，無實職人員不予敘官。本部未辦銓敘者
應迅速補辦。

3. 改良報銷辦法：委座頃提出目前最重要之事，
即為健全人事制度與會計制度，本人感想到
破壞人事制度與會計制度者實為其承辦人
員，如報銷辦法規定必須附具單據，亦不問
單據是真是偽，是無異於要人作假，且審核
手續蕪繁，往往誤時誤事，以後一定要研究
改良，並須注意爭取時間。本年內一定要樹
立起會計制度。政治部經理即將辦理結束，
由軍需署催其迅速清結，並不得造假報銷。

4. 爭取工作效率

(1)賈部長提出聯合辦公廳的辦法，以部為單
位，主管官亦依時到廳辦公，以增進工作
效率，辦公廳要與宿舍分開。委座並勗勉
大家試行，本部範圍雖較大，但每署一定
要有一個聯合辦公廳。

(2)本人再三研究委座訓詞，深知欲求公文迅
速，必須第一要機構單純，第二要人員減

少。本部機構太雜，人員過多，以致引起
友邦人士之恥笑，切須迅予改正，以赴
事功。

（二）新給與辦法已確定，其實施步驟：

1. 駐印軍調回各部隊，憲兵，以及陸大等各軍
事學校，自二月份實施。

2. 美械國械裝備整編完竣之部隊。

3. 其他各部隊機關學校，可按各單位原有預算總
額，緊縮編制，裁減人員，照新給與標準編
配，其首先編配完竣者即先予實施。軍委會所
屬各單位同此。惟事業費原額不得變更。

（三）美營養專家頃在昆明考察中國士兵營養，認為
缺少蛋白質，就目前情形而論，只有增食豆類
及花生，以資輔助。軍需署應予注意。

（四）本部對中常會、參政會以及在國府紀念週之報
告材料，由軍務署彙編，其重點所在，特分述
如下：

1. 須改變觀念：切勿以中國軍政部與美國者對
比，蓋美國軍政部無異於中國之軍委會。中
國軍政部並非主管全般軍政業務，實僅限於
陸軍之軍政，即陸軍軍政亦未能全般管轄，
今以其最重要之人事而論，其主管部門即有
銓敘廳、兵役部、撫卹委員會、軍法執行總
監部四個單位。

2. 本部主管業務：

(1) 裝備，

　　⑵ 軍需－被服、銀錢（糧秣副食先由後勤部
　　　主管），

　　⑶ 兵工，

　　⑷ 軍醫，

　　⑸ 會計－主計業務並另有系統，

　　⑹ 榮譽軍人管理，

　　⑺ 軍事學校畢業員生調查。

3. 準備充實反攻部隊，其數字以反攻需要之最
　少限度與國家可能擔負之最大限度為準，凡
　聽命令、守紀律、肯打仗、能打仗之部隊，
　一律予以充實並裝備之，此為軍務署本年之
　中心工作，其他各單位如軍需署、會計處即
　為配合上項中心工作以求改善士兵生活。

4. 充實美械及國械裝備之部隊，可提出說明，
　只有一部係由美械裝備，大部份仍為國械裝
　備，以兵工經費原額過少，近奉委座增加，
　各種武器生產量已能發揮最大之效率。將來
　如增加夜工，尚可增加百分之五十，惟增加
　夜工，勢須增建宿舍。

5. 軍醫方面可與榮管處合併報告，傷病兵總
　數、過去傷亡數、已入醫院數、醫院之經費
　設備及軍醫人員數等。
　目前軍醫方面亟待改善者，如醫官人數太少，
　不夠需要，竟有將未畢業之員生徵調就業之情
　事，而另一方面優秀醫官則派往國外研究，此
　為極不合理之現象；此外如軍醫倉庫，弊端百

出，且單位太多，不易管理，此次湘桂戰事中，即損失頗大，以後切須改善，如再有以上情事，必以軍法從事。

6. 目前領食軍糧人數為五百三十萬——實際並無此數，今年預算為五百萬人，以五百萬人之預算分配於五百三十萬人，當然官兵生活無法改善。照戰鬥序列上說，以三百六十個師計算，官兵尚不到二百五十萬人，其餘二百餘萬人多為機關學校佔去，此等人員又多為能力較強，智識水準較高者，渠等非但未能參加前方作戰，且反增政府負擔，以故引起人民不滿，故對各機關學校須裁併其單位，減少其員額，以增強反攻部隊之力量。

7. 報告中可提請各部之注意，本年一切設施須配合「軍事第一、勝利第一」之原則。

8. 今年之中心工作是將五百三十萬人變成三百五十萬人，故須大加裁減，但編餘人員一定要設法安置，使每一個人能發揮每一份力量，在裁減期中困難在所難免，大家要任勞任怨，不要顧忌。

9. 改善士兵生活，非但須增加給與，且須穩定物價，此與財政金融機關關係至為密切，須設法取締擾亂經濟金融之不法現象，始克有成，軍需署注意於報告中作為建議。

10. 以上各點固將作為本部之報告內容，但亦為本部最高之工作原則與施政方針，希各單位切

實注意。

（五）本人領用物品，一律由本人親筆簽字，不然，各
單位可不予發給。

四、報告事項

兵工署報告

（一）二月份中印空運物資分配各機關噸位數字，共
計二千零七噸，惟上述噸位除械彈外，其餘各
項，以最近天氣惡劣，夜航停止，尚有打八折
之可能。再三月份各單位所需運量，請於下月
十二日以前提出，以便十五日討論。

（二）前星期六（一月十九日）在生產局討論各機關向
美申請租借案之卡車汽車零件及液體燃料案。
美方允於本年運來五噸卡車一五、〇〇〇輛，
距原需要額相差七、二三〇輛，經決議：

1. 除航委會外，軍事機關由本部統籌。

2. 本部應將需要車輛之用途，開具英文清單於
本星期五（廿五日）前送達生產局。

3. 所缺車輛七、二三〇輛，請美方於明年上半
年運來。

4. 新車所需配件、燃料，由戰時運輸局照各申
請數代為計算列入。

5. 其他特種車輛由軍事部分自行向美軍接洽。

（三）生產局接沈士華函，告知本部在印所存車輛於中
印公路通車後，即可駛運來華。

五、決定事項

（一）二月份所需服裝，軍需署可按三十萬套準備。

（二）本部需要車輛用途清單由後勤總部、交通司及兵工署三部分開會商討，按軍以上之單位酌量分配，並詳為說明。

（三）本部需要物資案，辦理分歧，由楊副署長負責組織一小機構，統籌兼顧，文卷亦由此保管。

（四）調整各特種兵部隊，以能配合本年之中心工作為準，並研究各兵科需要之器材，依次予以補充。

（五）配屬遠征軍駐印各機關應研究撤回。

（六）白雨生部應移駐貴陽。

（七）軍人不得兼營工商業，違者軍法從事，限二月底以前清結，自三月份起即依令執行，由本部及後勤總部明令所屬一體遵照，惟職員眷屬經理小本營業以賴謀生，而經層峰核准者除外。

（八）應交出其他各機關之各廠（如顏料廠等）及機構應迅速計劃辦理移交。

六、散會

第四次部務會報紀錄

時　　間：一月二十九日上午十時
地　　點：本部會議廳
出席人員：詳簽到簿
主　　席：部長
紀　　錄：黃超人

一、開會如儀

二、報告事項

林次長

（一）湯恩伯所部需要馬匹五千匹，由其自購，本部馬
　　　政司派員會同軍需署、軍務署洽辦。

（二）湯恩伯總部無軍醫處，對於部隊醫務及對美方醫
　　　務之接洽，擬請本部派盧致德前往襄助，此事
　　　軍醫署、後勤總部意見如何？

軍醫署：

同意。（後勤總部缺席）

（三）新疆方面之軍政措施，本部有特別規定之必要：

　　　　　1. 軍政業務（經費、被服、糧秣、運輸、交
　　　　　　 通、通信、工廠等）由本部派駐新辦事處統
　　　　　　 一辦理。

　　　　　2. 新疆部隊給與之規定，軍糧之準備，運輸
　　　　　　 工具之加強，由軍需署、後勤總部負責計
　　　　　　 劃辦理。

　　3. 新疆本省部隊之整理，由軍務署將預期要旨
　　　指示新疆於參謀長斟酌進行。

（四）本部各署司人員整理預定表（軍務署已送到）可
　　　交由總務廳彙總呈核。

（五）各署司所屬儲備庫、補給庫、陸軍醫院、後方醫
　　　院，與規定指撥各補給區司令管轄之倉庫站所
　　　等表格，可交由部辦公室彙總呈核。

（六）國械裝備三十個師之番號，應與修正編制表同時
　　　發表。

（七）本部直轄各特種兵單位之整理與國械裝備三十個
　　　師之特種兵充實案，原係一事，各主管司所提
　　　出之意見，應交由軍務署綜合整理，呈候核轉
　　　委員長批准實施。
　　　軍醫署、軍需署、軍械司應各自提出對國械裝
　　　備三十個師之充實計劃。

三、檢討上次部務會報紀錄

（一）決定事項「一」，二月份所需服裝，係補充新
　　　兵之服裝。

（二）同項「三」，本部需要物資，由楊副署長組織
　　　機構統一辦理一案，對審核方面自不無困難，
　　　可照以下二點簽請委員長核示：

　　1. 軍委會各部對外需要物資，統由本部提出，
　　　以免分歧。

　　2. 航委會性質不同，是否由其單獨提出，或亦
　　　由本部統一提出？請示。

（三）同項「八」，應交出其他各機關之各廠（如顏
　　　料廠等）係燃料廠之誤。

四、決定事項

（一）改訂給與之通電著照修正稿提軍委會。

（二）有歷史性質之重要案件（如部務會報紀錄等），
　　　繕寫、印刷、裝訂均須特別注意。

五、部長指示

（一）規定提案手續：各單位現多自行提案，往往事
　　　前毫無所悉，且提案內容又多與與會各單位
　　　無關，不免費時費事，茲規定凡各司不能解決
　　　之案件，先呈署核定，署再無法解決者呈部，
　　　部次長無法解決者提會討論，或簽請委員長
　　　核示。

（二）處理公文程序：公文處理必須層層負責，各司
　　　應作為基層之負責單位，司不能解決者呈署，
　　　署須加嚴密之考慮，凡屬例案可自行辦理，如
　　　遇有困難事項，先以電話請示或口頭報告，再
　　　擇其重要者呈部，切勿事事轉呈，表示推諉。
　　　呈核、呈閱、呈判之案件，須分別卷宗，公
　　　文、函電尤須分開，不得混雜一卷。
　　　部辦公室須組織健全，軍事部分案卷由周高參
　　　負責，黨政一類案牘由顏主任秘書負責，並分
　　　別收發。
　　　對於各種案牘文件，秘書部附參事只有整理

　　　　之責。

（三）務能把握人才：近幾年來，無論軍官佐屬，每以
　　　　不知善予領導，糟塌人才頗多，務望本以下各
　　　　點特自注意：

　　　1. 凡屬人才，必須善予把握，切勿以感情作
　　　　用，輕易去留。

　　　2. 對部下應有誨人不倦之精神，作之君，作之
　　　　師，要在事前防範，切勿不教而誅。

　　　3. 對於去職人員，須特別審慎，既去之後，非
　　　　但本部不能再用，並須通知銓敘廳，其他部
　　　　分亦不得補用。

　　　4. 凡有舞弊嫌疑人員，不能以簽請調部了事，
　　　　須詳加調查，確定事非，再憑處置。

　　　5. 須隨時留意儲備人才，各級單位最好都能有
　　　　儲備人才之設置，但此與安置閒人不同。

六、散會

第五次部務會報紀錄

時　　間：二月五日上午十時
地　　點：本部會議廳
出席人員：詳簽到簿
主　　席：部長
紀　　錄：黃超人

一、開會如儀

二、檢討上次部務會報紀錄

（一）本部派駐新疆辦事處一案，各單位應迅速提供意
　　　見以憑辦理。

（二）各署司指撥補給區之倉庫站所等表格，部長前在
　　　後勤總部指示須於一週內提出，請各單位迅交
　　　後勤總部郗參謀長彙編。

（三）燃料廠既須移交資源委員會，軍需各項燃料急待
　　　解決，各署司應迅速擬具補充方案，以憑確定
　　　運輸計劃。

（四）規定提案手續一項，其最後一段應改為「部次長
　　　認為需要提會者提會討論」。

（五）關於處理公文辦法，部長茲再指示以下各點：

　　　1. 凡重要案件給予各承辦科司以討論機會，使
　　　　其能盡量參加意見，以求完善。

　　　2. 處理公文案牘最要者，在能尊重體制系統層
　　　　層負責層層節制，絕對避免一切事務集中於

一身之不良現象。

3. 公文須力求迅速，凡重要事項已經決定者可先以電話聯繫，毋使輾轉於繕校人員手中，致誤時機，機密而複雜之案件，可將電文譯成密碼以電話傳出（能通長途電話之處）。

4. 公文格式須求改善，無論命令報告均可採用分項敘述法標明一、二、三等字樣，避免繁文套語，使其內容一目了然，庶每一個職員都能寫作公文，毋須定假手於文牘人員。

（六）務能把握人才一節，原意係愛護人才，應予更正。

三、報告事項

林次長

（一）三十四年編制裝備之十二個軍三十六個師，是今年本部之工作重點，其番號現已列表發給各署司，應從速擬訂整編充實之準備計劃，此項整編充實之項目亦經附發，但此只可作各單位之參考標準，其具體者仍須由各單位研究製定之。

（二）此項整編部隊與整編之內容對外須絕對保守機密。

（三）整編手續繁難，非一朝一夕可就，現已決定每週舉行檢討會議一次，以期明瞭各單位之準備情形，俾便與有關方面聯絡。

四、請示事項

人事處請示

茲為達成分層負責以減少公文輾轉手續，本處對於人事處理擬請：

1. 上校以上人員請示部次長決定後發表。

2. 中校以下人員可否由處按其資歷逕予核定。

部長諭：

先與銓敘廳洽商，依例辦理。

五、部長指示

（一）此次整編關係中國之命運，今後之有無希望在此一舉，整編固極困難，但不整編則前途不僅困難而已，目前戰爭不利，奸黨囂張，輿論指摘，國際責難，欲求一新視聽，其關鍵全在我有無決心，故此為純粹之救國問題，絲毫不含有對人因素，敵人固然已決定了失敗的命運，然而敵人的失敗不一定就是我們的成功，所謂戰果是要靠自我努力才能收穫的，此次整編成功，今後之建軍建國才有希望，故大家必須認識此事之重要性，堅確自信，齊下決心，咬緊牙關來做。

（二）整編須絕對機密，如有洩露影響滋大，外人如有所詢，不知者固當告以不知，即知者亦當坦白婉謝，切勿徇情透露，務須養成軍人嚴守秘密之德性。

（三）整編後之指揮級數及單位要盡量減少，總部最好

能直接指揮軍。

（四）兵站所轄之運輸團隊，除必須保留者外，應一律取銷，軍務署與後勤總部洽商辦理。

（五）整編部隊其番號與人事不可混為一談，各軍師番號雖經取銷，而原任之軍師長確有能力者應予調派，或番號雖存在而人選仍須變更。

（六）關於改善士兵生活方面，美方所提者完全以營養為主，我方除此外，仍須注意於物資之有無與預算之是否符合二點，請林次長與端木副總司令從長研究。

（七）各部隊機關其編制預算應由中央核發，或先指示範圍，不可聽其自造。

（八）本部工作報告其中所列五百三十萬人須有根據，可分成以下三類列表說明：

1. 部隊員額──戰鬥序列內之部隊。

2. 機關員額──軍委會以下各單位（工廠、倉庫等在內）。

3. 學校員額──各種訓練單位。

（九）青年軍之隸屬系統可簽請委員長核定（軍務署辦）。

（十）徵集委員會著由方署長代表出席。

六、散會

第六次部務會報紀錄

時　　間：二月十七日上午九時
地　　點：本部會議廳
出席人員：詳簽到簿
主　　席：部長
紀　　錄：黃超人

一、開會如儀

二、檢討上次部務會報紀錄

（一）本部派駐新疆辦事處其名稱應改為「軍政部駐新供應處」。

（二）各署司指撥補給區之倉庫站所等表格，內容尚欠一致，發回重造，須於明（十八）日彙齊。

部長指示：

1. 本案應迅速辦理。

2. 各種統計須特別注意，著由後勤總部丁科長召集各單位統計人員共同研究，務求內容精確，格式一致。

（三）國械裝備之師應改稱為續修正卅一年編制之師，美械裝備者應改稱為三十四年編制之師。

（四）上次紀錄仍須刪改，著照修正印發。

三、報告事項

林次長

本部各署承辦與盟軍往來公文格式手續均未一致，查案

30 軍政部部務會報紀錄（1945 - 1946）
Meeting Minutes of Military Administration Department,1945-1946

至感不易，以後凡屬公文性質之案件，一律改用備忘錄，其格式由部次長辦公室印發，於一切手續完備後送俞次長處統一編號發出，每一案件並須另繕副稿一份，隨送俞次長處以便存卷。

部長指示：

1. 以後與盟軍往來之正式備忘錄，須特別審慎，請俞次長負責審核。
2. 凡不必採用公文方式之案件，統請俞次長口頭與盟軍洽辦。

軍需署陳署長報告

（一）路東各戰區經費，各單位前以匯兌不通，均送本署轉交，茲以航運兩度失事，損失頗大，截止三月底止，各處經費計有二十六億未能運出。

（二）三月份以前提前徵集新兵六十二萬人，其被服用品等奉令需備六十二萬套，現可趕製者為三十萬套，上年發給新兵服裝以未能徵齊名額多餘者，約有三十餘萬套存兵役部，連同趕製之數可敷分配，擬請部長與兵役部會銜呈報。

（三）青年軍營房原定計劃至本月底為止，現可按照計劃完成，至增建三千人之營房一節，似須另設委員會辦理，俾可劃分階段。

兵工署楊副署長報告

下月份空運噸位只有八百噸運量可資支配，軍醫署聞存印物品不多，開列二三六噸位實成問題，擬請減少。

軍醫署徐署長答復：

三月份醫品如不能運到加城，可以減少。

四、討論事項

（一）戰時運輸局與後勤總部職權劃分問題，請確定
　　　原則以便洽商進行案。

部長指示：

1. 戰時運輸局之設立旨在統一戰時運輸之指揮，此種
　制度之確立用意甚善，吾人對之惟有盡量協助。

2. 關於運輸權職之劃分，在民運方面為交通部，軍運
　則為本部及後勤總部，戰時運輸局權職對於各單位
　之運輸，似軍委會之與各部，渠負統籌計劃之責，
　實際執行運輸任務者仍為原負責單位，如自基地至
　部隊軍品之補給，乃完全屬於軍事運輸範圍，戰時
　運輸局亦無法達成此種任務，惟非基地之部隊補充
　物品，應由何方負責運輸，尚須再作研討，本部可
　先召開交通會議計議辦理之。

3. 趙司長適纔所提出三月份燃料配備及空筒準備等辦
　法尚可適用，此純係臨時之救急措置，須注意勿妨
　礙運輸制度。

4. 各單位關於運輸方面之困難情形，可摘要交趙司長
　整理呈報。

5. 前交通司所儲機油聞被人盜竊易為桐油及其所有倉
　庫等均應迅速切實查報。

（二）兵役部裁減員額及其運輸經費等問題應如何辦
　　　理案。

部長指示：

兵役部現有五六二、五三八人，委員長批示希望縮減為
三十萬人，其每年經常費四十五億，新兵改善待遇經費

二十五億，合共每年七十億，如能裁減，照委座批示之三十萬人，自應按照其他單位一律待遇，倘不能裁減，本部仍每年照撥七十億經費，其新兵之服裝、衛生、運輸以及營造等等費用歸其自理，本年內已發之上列各項費用，即由該部之經常費內扣算。

（三）本部採辦委員會組織條例草案提請討論案。

部長指示：

著有關各署各指派一人，由軍需署召集會商審查後再行核定。

（四）陸軍補給綱要草案提請討論案

決議：

與採辦委員會組織條例草案併案審查後再行核定。

五、散會

第七次部務會報紀錄

時　　間：二月二十四日上午九時
地　　點：本部會議廳
出席人員：詳簽到簿
主　　席：部長
紀　　錄：黃超人

一、開會如儀

二、報告事項

林次長報告

本日會報改變方式，先由各署司將共同有關之案件，依次提出各別檢討接洽，不能解決者待部長到後請示決定，庶可節省時間。

後勤總部郗參謀長報告

（一）撥交後勤總部之倉庫站所等擬訂三月一日為交接時間，惟撥交後再事調整抑先調整再行撥交，請示。

（二）凡撥交後勤總部之倉庫站所等，請先與後勤總部會稿，所會稿件請逕送端木副總司令或本人，以求迅速。

（三）邇以補給系統與作戰系統完全劃分，關於物品之核發，如彈藥補給等過去係由長官部核發，今後此類補給物資其核發權應為誰屬，請示。

林次長指示：

所謂補給系統乃補給業務之系統，至於「權」則又是另一回事，並不是說補給系統就是補給權的系統，如一師一團，其主官非但負訓練作戰之責，且須管理其所屬之生活，雙方兼顧，既屬於作戰系統又屬於補給系統，以是類推，則戰區長官自有核發作戰物資之權，可與補給業務系統並行不悖，以後可將此項權責列表說明。

俞次長指示：

關於補給系統之含義誠如林次長之指示，茲再明顯說明，各部隊第一次之補充裝備，自然是軍政部（包括後勤總部）的事，嗣後作戰之補充，則戰區長官應有批補之權。

部長指示：

應撥後勤總部之倉庫站所等，決定撥交後再統籌調整，以爭取效率，並定三月一日為交接日期，至三月底止將交接手續辦理完畢。

軍需署財務司孫司長報告

（一）傷殘官兵已決定自三月份起實施新給與，請軍醫署及榮管處將全國傷殘官兵人數、分配醫院數及地點造列表單逕送本司。

（二）眷糧代金經行政院決定自二月份起增加為每斗五六〇元，民食供應處須付現款始能領糧，此筆款項可否先由軍需署墊付，請示。

（三）財政部現與中央銀行決在東南六省發行大額本票，並可無限制流通，以後在東南六省本部所有各實費經理之單位，其經費請逕由中央銀行

匯撥，現已交支票至本司者，仍由本司代辦。

林次長指示：

眷糧貸金准由署先行墊付。

兵工署楊副署長報告

（一）三月份空運噸位，昨晨生產局已予通過，計兵
　　　工署之基數為二〇五噸，超額為五二噸；軍需
　　　署基數為一〇六噸，超額為二七噸，其餘各單
　　　位均未酬給噸位。

（二）目前空運噸位太少，預料下月份亦不會增加，
　　　但新飛機即可到來，其容量較前增加一倍，速
　　　度增加四分之一，將來航程可逕達白市驛機
　　　場，無須在昆明停留。各署司待運物資，請將
　　　今後估計運輸計劃表註明運昆明或運重慶，交
　　　本人分送生產局辦理，白市驛準備建築民用物
　　　資倉庫。

（三）現有大量物資急待運輸，車輛方面，後勤總部
　　　可否予以設法，計由重慶待運至瀘州、貴陽、
　　　昆明者有一、三二五噸，待運至廣元者有六六六
　　　噸，待運至各地智識青年軍者有四四噸。

後勤總部運輸處任處長報告

（一）關於運輸職權方面，至前晚始與戰時運輸局照
　　　部長前所指示之原則協商妥當。

（二）目前運輸已成停止現象，待運物品頗多，現已
　　　決定自三月一日起開始運輸，但零星問題尚
　　　多，如油庫、運費、報銷等等均急待解決，擬
　　　請部長指定時間，早日召開交通會議。

部長指示：

交通會議定下星期二（二十七日）下午三時在本部會議廳舉行。

軍醫署徐署長報告

（一）各醫院經費原由本署發給，現改由軍需署逕發，請軍需署注意其銜接時間。

（二）各醫院編併時間恐在三月底不能如期完成。

（三）東南區衛生材料發給現品，但運輸方面頗成問題。

俞次長指示：

衛生通信材料運至東南區各處者，各署司可開列確實數目單，以便向盟軍洽商代運。

榮管處魏處長報告

（一）榮管處方面裁去五十個單位，編餘附員規定至戰區長官部或昆明行營及黔桂邊區總司令部報到，旅費可否發由原編餘機關支報？

（二）由印回國者，現有一千八百餘殘廢官兵。

（三）由湘桂遷駐黔境之各院殘廢官兵，多分赴各縣設法覓址，但各縣府又苦以廟宇民房寥寥，兼以當地缺糧供應見諉，以致駐地與管訓深感困難。

林次長指示：

殘廢官兵應覓一固定之地址，並須建築固定之房舍。

三、檢討上次部務會報紀錄

（一）國械、美械裝備之師其名稱現又有變更，美械裝

備者定名為三十四年甲種編制之師，國械裝備者定名為三十四年乙種編制之師。

（二）三月份以前奉令準備之被服用品，係六十二萬份，上年多餘新兵服裝約有三十餘萬份，係存各管區，前記六十二萬套及存兵役部之語應予更正。

（三）青年軍營房增建問題已呈請委座按整個計劃辦理，軍需署應成立建築組織計劃建築正式營房，庶免常時修補，節省經費。

四、部長指示事項

（一）頃張長官向華對余述及以下各項問題：

1. 四戰區部隊調整三月底可以編完。

2. 編完後武器裝備希能即予補充。

3. 改編後自四月一日起實行新給與。

4. 三十四年乙種編制表新給與辦法可各檢發一份（軍務署辦）。

5. 該部整編後，白副總長、張長官均認為兩個集團軍可同時撤銷。

6. 韋雲淞所領工事費三千二百萬元應查明已否使用，其最後所領之一千二百萬元，聞確未動用，應令繳還。

（二）周總司令嵒述及防區運輸情形，謂船費及伕力之運價規定過低，以致運輸遲滯，軍米變質，甚至沉船之事時見發生，後勤總部可斟酌情形改訂運價，以求合理。

（三）本部及後勤總部舊車太多，能用者應即修理，不能用者可拆卸報廢，各單位其他物品亦應澈底清理，毋使陳腐庫中。

（四）在湖北時常辦假移交，庶可隨時清結，本部每半年不妨辦理一次。

（五）以後必需成立之新機構須特別審慎，並須有整個計劃，榮管處現一面在裁減單位，一面又請求成立新機構，是否需要，可先與軍醫署商洽妥當後再辦。

五、散會

附件：軍政部交通會報紀錄

時　　間：三十四年二月二十七日下午二時

地　　點：本部會議廳

出席人員：詳簽到簿

主　　席：部長

紀　　錄：黃超人

一、開會如儀

二、報告事項

（一）請求確定後勤總部負責之軍運範圍由

查軍品運輸計有下列數類：

> 1. 軍械司：械彈及器材
> 2. 軍醫署：衛生器材、傷病官兵暨衛生機關之遷移

3. 交輜兵司：油料及交通器材

4. 通信兵司：通信器材

5. 兵員輸送：不包括兵役部補充兵

6. 糧秣司：糧秣運輸

7. 軍需署：鈔券及原料、成品、食品

8. 兵工署：兵工原料及各兵工廠

9. 工兵司：工兵及工程器材

10. 其他軍運：如慰勞品輸送等

以上軍運過去有由後勤總部負責運送者，亦有各單位自運者，今後應如何辦理，擬請鑒核決定。

決定辦法：

1. 本部所屬一應軍運，原則上均應由後勤總部負責。

2. 糧秣運輸在糧政機關交付兵站之後，由後勤總部負責，又糧秣運費不論兵站管區與否，均由糧秣司簽付。

3. 軍需署之鈔券運輸，由後勤總部配屬該署汽車部隊一連專任之，兼受後勤總部及軍需署之指揮。

4. 兵工署之兵工原料運輸及各兵工廠之運輸業務，請戰運局負責，或請戰局撥車交後勤總部，由後勤總部負責。

（二）軍運機構暨管區之確定由

1. 軍政部所屬各生產儲備廠庫，事實上有設立運輸站所擔任區間運輸之必要者，擬請准予設置，惟應以水運為限，仍應與兵站機構密取聯運。

2. 戰時運輸管理局與後方勤務總司令部會同訂

定之公路部份聯繫辦法已奉准實施，關於水
運部份，本部有船舶管理所暨船舶修造廠，
戰時運輸管理局亦主管水運，應如何聯繫之
處，請指示原則以便洽商辦理。

3. 後勤總部直接管轄之軍運管區與西南、西北
兩區補給司令部管區，擬以貴陽及瀘州及廣
元三地為交接地點。又西北區與駐新供應處
之軍運管區，擬以蘭州為交接點。

決定辦法：

1. 關於水運部分之軍運聯繫辦法，應由後勤總部迅商
戰時運輸管理局決定，其辦理水運人員應予調整充
實，尤須注意主管人之操行品德，並提高船舶租
金，使能維持最低生活。

2. 其餘 1、3 兩項均照辦。

（三）各區運輸力量之充實及核定優先程序辦法由

1. 新疆、西北兩區輸力單薄，補充新車尚需時
日，就西南區接收新車後將西南區輜汽團營
輸力分批移調。

2. 擬就次要軍品充分利用水道驛運，藉補公路
輸力之不足，惟每顧慮治安暨時間問題。

3. 路東補給除空運外，其經行湘西區運送者，
應否專設機構辦理。

4. 列城至南疆驛運線暨印度Lahore 至南疆之航
空線均屬補給新疆之捷徑，如蒙核定原則，
當由運輸處擬設計劃呈報。

5. 目前運輸工具缺乏，且運費燃料支出浩大，

亟應樽節輸力，其各月份待運軍品，擬請各署司處於前二十天知照運輸處洽辦，並請註明緩急程序，由運輸處彙齊分配運量，呈奉核定之後，當於每月二十五日以前將下月份承運之量、分別基數暨可能超運運量分達各署司處查明，如遇變更計劃減少噸位，當由運輸處負責通知。

決定辦法：

路東補給暫由第九戰區派員負責辦理，不必另設機構，餘均可行。

（四）運輸手續表報之簡化及預算之追加暨給與標準之提高

    1. 簡化軍運，參謀室與調配所暨汽車部隊、加油站庫及收發倉庫之一應手續表報，業經運輸處擬定實施，應請各署司處責成各收發倉庫，限車到之當日裝卸完畢，並準備押運人員自行押運（包括水道驛運）。

    2. 人獸力輸隊之表報亦已簡化。

    3. 今後油料及運費之報銷，運輸處及各區司令部僅擔任初審，後勤總部暨各區補給司令部均無會計機構，應送何處核銷？請指示。

    4. 各公商車承運軍品，運費車租係經理處分匯各地銀行存儲，由軍運參謀室通知付款，此項辦法擬請分行各補給區司令部照辦。

    5. 新運服務所代辦之公路幹線食宿站，原有憑食宿券供應膳宿辦法，擬請取銷，改以路單

　　　為憑，仍免費食宿。

　　6. 本年度軍運運費預算暨油料預算不敷甚鉅，
　　　如不即予追加預算，擬請就全年度預算提前
　　　支用。

　　7. 現行徵僱民夫、騾馬、船舶給與標準待遇過
　　　低，究應採取發給口糧原則抑或增發現款辦
　　　法，請賜指示，以便擬議呈報。

　　8. 廠庫所站暨汽車部隊待遇之提高，擬就獎金
　　　及工作競賽原則辦理，並擬在軍車回空所收
　　　運費項下，由後勤總部核定列支。

決定辦法：

1. 關於押運員兵之派遣，應由各主管倉庫之署司就所裝
　軍品種類，酌奪需要情形酌行派遣，後勤總部無設
　置押運員之必要。

2. 油料報銷由後勤總部自行核定，每月將消耗總額通
　知軍務署查照，運費由運輸處逕行通知軍需署，
　並分行會計處匯發其報銷，送本部會計處或各會計
　分處。

3. 軍運運費預算由運輸處與軍需署密取聯繫。

4. 軍事徵僱民夫、騾馬、船舶給與標準，可就軍糧節
　餘項下增發口糧，以每天每夫背運四十公斤行單程
　六十華里（聯運站照往返三十華里計算），給口糧
　二十兩為度，騾馬、船舶、火車亦可比照發口糧，
　俾馬夫、車夫可以換取馬料，至所發現款，應就每
　天每夫可購草鞋一雙及茶水所需之標準辦理，如此
　則不增糧食部之負擔，其應行追加之現金預算，亦

為數較小。

5. 汽車部隊廠庫站所，准就工作競賽原則給付獎金，即在後勤總部所收軍車回空運費項下列支，並須予以短期訓練及注重精神教育，更著重駕駛兵軍風紀之改進。

6. 餘均准照辦。

散會：下午六時

第八次部務會報紀錄

時　　間：三月三日上午九時

地　　點：本部會議廳

出席人員：詳簽到簿

主　　席：部長

紀　　錄：黃超人

一、開會如儀

二、報告事項

俞次長報告

（一）關於運輸方面，經與盟軍接洽運往百色者，計被
　　　服五十噸、交通器材十噸，均已起運，運往東
　　　南各戰區之物資，因該區飛機場尚未完成，投
　　　擲亦不便，須於三月十五日以後始能答復。

（二）本部各署駐昆辦事處與昆明基地司令部所設之經
　　　理、軍械等處，似可早日劃分以清權責。

後勤總部端木副總司令報告

　　卅四年甲種編制各師以外之部隊、機關、學校所需
軍品由我國供應，其運輸補給業務由昆明基地司令部辦
理一層，盧副總司令電話通知齊福斯將軍已允予照辦，
但運往該基地領域以外之軍品，本部須設一管理機構，
惟運輸工具已全為昆明基地司令部控制，是否予以代運
尚不可知，待齊福斯來渝時當與洽商。

林次長指示：

1. 昆明基地司令部之組織，應與軍政部駐昆辦事處之組織分開，其業務權限以及物品管理等亦彼此劃分。

2. 在昆明基地司令部之組織內者，均歸該基地司令部指揮。

3. 軍政部駐昆辦事處有須自行掌握一部分交通工具之必要。

兵工署楊副署長報告

　　戰時生產局轉達軍令部第二廳直接向美軍請撥通信器材，經美方允許提取前交通司存印器材之一部，本部經復以該項器材係屬專案，不便提撥，但因情報部門與魏德邁將軍有直接關係，認為既經美方允可，已可逕行提取，故生產局為顧全雙方感情，希望本部重加考慮予以通融，應如何辦理之處，請示。

林次長指示：

對外申請物資關於軍品方面，已奉令規定一律由軍政部彙辦，軍令部請提通信物資案，仍應請交由軍政部綜合提出，以免紛歧零星辦理，此次通信器材所需噸位亦應由本部一併計算。

軍需署陳署長報告

（一）美方前提議在重慶西南、西北及東南各地創設乾製副食品工廠，以備補給軍用，民間如有類似之廠亦可利用，關於設廠之各項問題，亦經與美方商討，另詳書面報告。

（二）官佐服裝材料價發，過去除由各單位造冊價領外，往往有單獨請求之事，流弊滋多，茲夏服

　　材料即將配發，特請規定以後個人請求一律不

　　發，並請在軍委會會報時提出報告。

部長指示：

1. 關於價購服裝材料問題，既屬軍需補給，似不應採用
   價購辦法，此種辦法可提請軍委會通令取銷。

2. 乾製食品確屬必要，但以主管機關辦理為原則，倘主
   管機關不能辦理，再由本部直接辦理。本案可先與
   農林部研究，凡屬菜類應配合農場，肉類應配合畜
   牧場。

三、討論事項

人事處提

本部各署廳處室此後人員縮減而業務日增，為激勵勤勞
以增進行政效率計，經擬訂本部工作人員月終勤務獎金
原則：

1. 給獎標準：凡工作努力常著勤勞者，除另案登記報請
   獎勵外，得按其績效，每月月終由各單位主官報請
   核給勤務獎金。

2. 給獎範圍：請領勤務獎金之人員，以確屬勤勞之校尉
   官，並按其單位實有職員不可超過百分之四（不足
   一人者可報一人）為限，無則免報，寧缺毋濫。

3. 給獎數目：每人每月勤務獎金按其工作績效核給，以
   五百元至三千元為度。

以上各節是否可行，經簽奉批示提會報討論。

決定辦法：

各單位如有意見可於下星期四（八日）以前送人事處彙

總再提會報，並將討論結果提軍委會。

四、檢討上次會報紀錄

第七次會報紀錄及交通會報紀錄均照改正印發。

五、部長轉總長指示

1. 駐印軍將來須分期調回，應準備駐地與補給。
2. 補充兵十二萬人須即準備編練。
3. 馬乾須分別洋馬與國產，規定定量發給現品。
4. 補充兵食宿站問題，重要地點（如飛機場附近）希有
   能住萬人之食宿站，最少須能駐三千人至五千人。

委座指示：

食宿站之建築可由營造司負責統一辦理。

5. 目前營房太少，擬徵用民間房屋。

委座指示：

可照辦，以後如有大房舍可資軍用者，各單位注意查報
徵用。

六、散會

第九次部務會報紀錄

時　　間：三月十日上午九時
地　　點：本部會議廳
出席人員：詳簽到簿
主　　席：部長
紀　　錄：黃超人

一、開會如儀

二、報告事項

青年軍編練總監部羅總監報告

（一）奉委座諭：青年軍須於天水附近駐紮一師，現
　　　東南方面先成立兩師，其中二一〇師移於天水
　　　附近成立，請軍政部主管單位即予準備營房器
　　　具等。

（二）奉委座諭：青年軍每師增加一團，現有營房不夠
　　　居住，經決定就各師所在地增建一團之營舍。

軍需署陳署長答復：

1. 天水附近增加一師，委座已決定由胡代長官在鳳翔、
　 虢鎮、陳村一帶利用原有民房整修，經費待胡代長
　 官估計報部後即可照匯。（按地點現又改為天水到
　 寶雞一帶）

2. 各師增建一團之營房，即由營造司設計圖樣，航寄各
　 地，分別招標營建。

（三）憲兵需要六千人，商請撥給知識青年，現青年軍

已有超額，經准其向萬縣徵集委員會洽撥。

（四）青年軍之編制，去年決定採用駐印軍編制，現聞將改為三十四年甲種編制，不知已否確定？再武器裝備之準備情形如何？

林次長答復：

編制與裝備有連帶關係，有何項裝備始可採用何項編制，目前乙種師裝備較易，然青年軍則又似宜採用甲種師編制，因此現向委座請示中，尚未奉批下。

俞次長答復：

本年只有甲、乙兩種編制，至武器之準備，如照乙種編制可無問題。

（五）軍政部前送到編餘軍官二百人受訓，現畢業在即，出路問題請預為計及。

林次長答復：

凡經受訓畢業之軍官，須備一名冊，其成績優良者，除貴部留用外，可分發青年軍或其他重要部隊服務，其次暫由本部儲備，以應臨時需要。（人事處與軍務署會辦）

（六）各師汽車油料規定每車每月一百加侖，現改為四十加侖，實不敷用，擬請仍照原案發一百加侖，並另准價購四百加侖，每師現有汽車六輛，合共月需一千加侖。

後勤總部端木副總司令答復：

如原有定案，當仍照舊案辦理。

（七）配發萬縣之通信器材，迄未收到；又東南方面之兩個師請求每師師部各發報話兩用機二部，

可否發給？

通信兵司吳司長答復：

配發萬縣之通信器材，可逕向萬縣倉庫具領，報話兩用機可照發。

（八）每師配發腳踏車五十輛，迄未見發。

交輜司王司長答復：

已去萬縣運取。

（九）各師燈油，耗費太大，可否以汽車馬達改裝發電
機裝置電燈？

軍需署陳署長答復：

可改裝電燈。

林次長報告

美方需要駐印軍補充兵五千人，已決定由青年軍抽出，計昆明二千、璧山一千、萬縣二千，起飛日期與地點再與美方洽商。

三、檢討上次部務會報紀錄

（一）軍政部駐昆辦事處著改名為軍政部駐昆管理處。

（二）報告事項內「部長指示（一）關於價購服裝材料
問題」應於「關於」二字下加「向本部」三字。

（三）軍需署陳署長報告：

軍官佐服裝本部已照規定按時發給現品，此項
價購材料，係規定服裝以外者，且僅限於重慶
區之將校尉及全國之將級官佐，是否亦予發
給，不收料價？請示。

部長指示：

價購毛病極多，應即停止。

四、討論事項

人事處提

月終勤務獎金給與辦法，經各單位提出意見，遵諭彙訂，提請裁決。（辦法略）

決議：暫行保留。

五、部長宣讀委座訓示（原文另發）並提示本部率先遵照

六、部長指示

（一）此次所派十二組接收舊械及其他軍品，與國械整軍有關，必須認真辦理，第四戰區亦須派員前往接收，又對於長官部及各集團軍之軍品亦須注意。

（二）各部分辦理業務，必須盡可能逐月統計，運用圖表方式，藉以明悉其業務之成績，與部隊機關內容之情形。

（三）在昆明設立之管理處，其責權由該處主任統一，下設各科，每科不得超過十人至十五人。

（四）整肅紀綱，必須由上級做起，並且要先辦大案，所謂「賞由下起，罰自上先。」

七、散會

第十次部務會報紀錄

時　　間：三月十七日上午九時
地　　點：本部會議廳
出席人員：詳簽到簿
主　　席：部長
紀　　錄：黃超人

一、開會如儀

二、報告事項
編練總監部張參謀長報告
（一）綦江、璧山兩師領油均在重慶，往返耗費太多，
　　　可否改在該兩師駐地附近之油庫發給？
後勤總部運輸處任處長答復：
凡有加油站之地點可以照辦。
（二）女青年軍服裝之品種數量請照男青年軍之定量
　　　發給。
（三）遣散官佐之副食費如何計算？應請規定。
（四）渝市補給之煙煤，其質太差（羼雜小石約十分之
　　　一二）以致照定量不夠燃燒，請飭補給委員會
　　　改良。
軍需署嚴副署長答復：
1. 女青年軍之服裝品種或有差別，但數量定可照男青年
　 軍一致。
2. 遣散費已新有規定，當照規定辦理。

3. 當照轉補給委員會改良。

軍務署方署長報告

特務團第五營業已來渝，裝備所需汽車，請後勤總部即為準備。

後勤總部運輸處任處長答復：

已準備卡車配屬該營，以資機動。

軍需署陳署長報告

（一）目前部內行文多至署為止，為求迅速經濟起見，凡重要、緊急及有附件之案件，請仍照舊例發至司為止。

（二）現已購到黃豆三十九萬斤，花生十二萬斤，共五十一萬斤，擬為西南區之實物補給，在未能起運以前，暫行入庫。

（三）第六、第八軍需局之業務，應劃歸西南後勤司令部者，早經準備就緒，聽候接受。

軍需署財務司孫司長報告

（一）緬印公墓建築費已奉委座核准發給鄭副總指揮八萬盾，此款已於前日匯出，並已通知沈士華洽辦。

（二）奉委座電，發給美方在西北購買乘馬八百匹之價款八千萬元，請次長俞詢問美方，此款應交何人。

（三）西南區所有機關學校單位，須列一總表，送齊福士司令補給。各署司在該區所屬之小單位，原由各署司直接補給者，亦請列表送署，以憑彙轉。

後勤總部端木副總司令報告

（一）齊福士司令日前來渝，將管區內之調整案帶來，完全改為倉庫補給制，經詳加研究，其中尚有若干問題須待續商，已面洽齊福士司令允派主管人員來渝再作商討。

西南區一切現有補給機構，雖已決定統交該後勤司令部接管辦理，但在四月份以前，其組織尚未健全，仍請各署司注意維持，以免業務中斷。

（二）運輸方面，對軍車已積極發動，並擬要求戰運局對於公商車輛經常分配一定之數量以為我用，過去兩月以改組關係，運輸業務多陷停頓狀態，今後亟應力謀補救，盼各署司與後勤總部密取聯繫。

（三）貴州軍糧恐慌，邇以部隊增多，加以過去地方當局未予重視，以致今日至為可慮，現已洽請齊福士司令撥車運輸，更希望在黔不必要之單位能設法調開，以節糧秣。

三、檢討上次部務會報紀錄

四、部長指示

（一）本部改組已三個月，適已一季，下半月內可作一次檢討。檢討目的，在求進步，故須虛心誠意，檢查缺點，能知道缺點，始能自求改進。檢討方式以圖表數字來表現，至圖表格式，可先召集各單位統計人員予以指導，以求劃一。

（二）裁併之機關學校已有統計數字，惟尚欠確實，裁減人員應照編制計算，可再予審查，審查後可複寫幾份，分送有關機關。

（三）後勤總部聞近拆移民路石塊修理後勤部通路，應即將民路修復。

（四）軍醫署與軍法總監部所租聯立中學房屋，應即交軍法總監部接收。

（五）運輸兵團第三團、第三十四團、第三十六團紀律太壞，砲八團聞有擾民情事，著軍務署一一查報。

（六）聞萬縣崔家院子所存衛生材料散漫無章，軍醫署應迅速清查。

（七）渝萬之間沿途沿江，散兵游勇，賭博走私，敗壞軍譽，總務廳通知憲警查辦。

五、散會

第十一次部務會報紀錄

時　　間：三月三十一日上午九時
地　　點：本部會議廳
出席人員：詳簽到簿
主　　席：部長
紀　　錄：黃超人

一、開會如儀

二、報告事項

林次長報告

（一）本部前派清查倉庫人員，現清查重慶附近各倉庫
　　　之第一組，業經清查完竣，特將該組原報告中
　　　與各單位有關事項提出報告，希予注意並分別
　　　斟酌辦理以求改進。

　　　1. 第一軍械總庫運輸困難，影響補給，擬請增
　　　　　強運輸力量（現有待運品二千噸左右，因車
　　　　　輛甚少未能運出）。

　　　2. 後勤總部直屬第一糧服倉庫及所屬各分庫，
　　　　　所存軍糧被服甚少而員兵甚多，庫員精神渙
　　　　　散，保管大都不良，應請速予調整或裁併。

　　　3. 駐川糧秣處軍糧倉庫，除第一倉庫存有五分
　　　　　之三，第三倉庫存有四分之一弱軍糧外，其
　　　　　餘如第二、第五倉庫均無存糧，第六倉庫無
　　　　　存糧已二年之久，第四倉庫在白市驛待查。

有庫無糧，倉廩空虛，萬一運輸或其他發生
障礙時危險異常，且庫中員兵無所事事，徒
虛糜國帑浪廢人力。

4. 通信器材總庫對於各分庫未能統一規定儲存
方法（各物分散於各庫，類別不分，陳設零
亂）、考核數量及保管等，通信器材第一庫
分類欠清，保管欠良，登記欠確；交通燃料
第十一庫共存汽油空桶一二、二四七個（每
個價值壹萬餘元），堆置田中損銹必重，請
速予建築廠房，以資保管；車料第一庫所有
器材大都生銹，倘不嚴令擦拭上油將成廢品；
車料第四庫存量不多，隸屬未定；車料第八
庫存品尚整齊，隸屬亦未定。

5. 第五被服庫

（子）棉紗甚多，請從速處理。

（丑）二十六年至三十年以前及難以保存之皮
毛類、呢絨類等應予提前發出。

（寅）半新舊之物品應請發給部隊學校作為補
助品。

（卯）請從速設立修整洗曬工場，此為被服總
庫最緊要之事，因通常有部隊學校結束
或移動而繳回之大部物品，或接收運輸
途中受潮物品，或接收其他倉庫轉入保
存之不良物品，均須加以洗曬修整摺疊
捆綁選擇等工作，方能進庫，若不經過
此種手續遽予進庫，不多時將全部成為

廢品，國家損失莫此為甚。凡庫房員兵
之有弊端機會者，大都出於廢舊品中，
以廢品易堪用品，以堪用品易新品，然
後竊取以售賣，故新品庫房絕對不許存
舊品，舊品庫絕對不存新品，並將舊品
庫控制在總庫附近，不時派員偵察與督
飭，方能整理得宜，防止偷漏。

（辰）被服庫員以任用軍人為宜，因軍人有保
管常識。

（巳）庫房多與民房廚房相接，不獨員兵住於
庫內，即眷屬亦間有住其中者，每一庫
房內物品價格均在數千億元以上，應嚴
令與廚房隔絕，特別注意火警（現庫房
內雖有滅火機之設置，但機內無藥或有
藥而失其效等於裝飾品），消防器具宜
加整理。被服庫房之在海棠溪及江北城
內者為最劣小，與民房相連接，甚為危
險，宜另覓房屋或新予建設亦所不惜。

（二）關於本部統計工作，部長前已指示其重要性，茲
再規定以下二點：

1. 各司必須於編制額內設立統計工作人員報
部，名額多寡視其業務之繁簡而定。

2. 統計材料之收集，由科報司，各司製成圖表
報署，署彙集報部。

編練總監部張參謀長報告

（一）現每週均有畢業學員出團，請後勤總部仍照原定

計劃派車運輸。

後勤總部運輸處任處長答復：

輸送畢業學員，前因由公商車辦理，以致時間未能準確，現已改用軍車輸送。

（二）存於貴陽之衝鋒槍一批請早日運交，以利教育。

部長指示：

衝鋒槍已有整個計劃配發。

（三）本部對東南二師及昆明等地電信太慢，擬請撥發報機四部，以求迅速。

通信兵司吳司長答復：

可另行指定電台代發。

畢業生調查處買處長報告

湘桂逃難來渝畢業同學之遺族或其眷屬甚多，亟待救濟，請准撥發專款或擴大遺族工廠，以資收容。

林次長指示：

對於遺族救濟工作，因承辦機關太多以致責權不清，可加以分類報請軍委會確定專責機關負責辦理。

三、檢討上次部務會報紀錄

（一）報告事項後勤總部運輸處任處長答復文內所記「配屬該管」四字應予取銷。

（二）西北購買黃豆、花生情形，由軍需署查報。

（三）本部第一次工作檢討之統計數字，以三月底為截止期，各項統計圖表限四月十日以前呈部。

四、討論事項

軍需署總務廳提

擬具本部供應社暫行辦法提請討論案。

決議：

請部次長指定人員再予審查。

五、部長指示

（一）本部供應社之組織，應以全國官兵及其眷屬為對
　　　象，但為便於實施計，可分期逐步推行，並先
　　　可就本部試辦，再為軍委會所屬各部，其次為
　　　整編各部隊，最後普及於全國各軍事單位。

（二）卅四年甲種編制師之整編情形，如有特殊情況及
　　　變動時，軍務署應隨時查報。

（三）關於本部與各部會間及部內各單位之聯繫配合，
　　　在制度上均有重加研究之必要，由軍務署研
　　　究，於本部此次檢討中提出。

六、散會

第十二次部務會報紀錄

時　　間：四月七日上午九時
地　　點：本部會議廳
出席人員：詳簽到簿
主　　席：部長
紀　　錄：黃超人

一、開會如儀

二、報告事項

編練總監部張參謀長報告

（一）二零七師奉令撥編新六軍，此後之人事經理起止
　　　日期，請予規定，以便遵辦。

（二）送印補充兵五千名，已送去一千五百名，餘數是
　　　否須繼續送去？請示。

（三）各師茶水燒煤，每人每月需十斤；馬料煮熟燒煤，
　　　每馬每月需十五斤，現有煤量不敷，請增加。

林次長答復：

1. 二零七師經理部份，自五月份起歸齊福士補給，由財
　　務司通知。

2. 送印補充兵之餘數，可轉知兵役部撥補。

3. 煤片可酌加，數目與軍需署洽定。

（四）各師汽車隊油量不敷，請照原規定仍按車輛
　　　發給。

後勤總部運輸處任處長答復：

以後當照一般汽車隊之規定量發給。

（五）札佐營房迄未解決。

軍需署陳署長答復：

即可撥款修建。

軍需署陳署長報告

青年軍每師增加一團，現已奉令停止，原計劃增建一團
之營房，是否亦應停止，已在請示中。惟目前以政工人
員及女青年等入營須增加三千人之營房營具等，是否與
增加一團同屬一案，亦可停止？

編練總監部張參謀長答復：

現增加之三千人與前預定增加之一團係屬兩案。

軍務署方署長報告

邇來接到軍需署詢問及轉請發給新給與之函電頗多，以
後凡已編成之單位，由軍務署通知，其未經通知者，即
係尚未整編完成。

財務司孫司長報告

不在縮編範圍內之各工廠，似應與本部同時實施新給
與，惟各署司直轄之各單位，其新給與應於何時實施？
請示。

林次長指示：

各署司直轄之各單位著先報軍務署，經審定後再行
實施。

三、檢討上次部務會報紀錄

（一）第一軍械總庫待運品二千噸左右，已運出五百

噸，餘數仍繼續運輸。

（二）所有各糧服倉庫之不良情形，限本月十日前整飭完竣，報部備核。

（三）所有汽油空桶統撥後勤總部運輸處與兵工署利用。

（四）倉庫調整著迅速擬具整個計劃呈核。

四、國民參政會建議

本部應研究分別辦理事項：

（一）各軍事機關衛兵及公役名額過多，請裁撤編入戰鬥序列。

軍務署參酌研究。

（二）各部隊在後方設立之辦事處，似有裁減之必要。此案早在整理中，茲更規定自五月份起一律停發軍糧，糧秣司先予通知，此外通令本部職員，毋與各辦事處多所往還，免招物議。

（三）編餘人員移殖於雲貴一帶屯墾，或開闢農場。

軍務署參照研擬，以資實施。

（四）西北牛羊每歲暮凍斃者，年約四百萬頭左右，請設法利用。

本部可就近設廠，製造罐頭，著軍需署研擬辦法。

（五）復興關附近一農場，係一軍人王某主辦，王某浙江人，對民眾作威作福，希注意。

總務廳查報。

五、部長指示

（一）前日參觀中央造紙廠，聞一部份原料係本部破爛
　　　被服，此項收入多少，作何用途，軍需署查報。

（二）各兵工廠人員統計表，應將技術人員及守衛士
　　　兵另列一欄，製造司可按此原則重製呈核。

（三）軍委會幹訓團請修建汽車房及療養院各節，著
　　　緩辦。

（四）第一一九及五零兩醫院，仍應取銷。

（五）乾糧樣品，每人每盒兩個封套，可改為一個封
　　　套，仍以炒米或麵包為主，更加豆類及肉類各
　　　一份，茶葉、花生糖等均可取銷。

（六）在萬縣建築青年軍營房人員，應扣留嚴辦。

六、散會

第十三次部務會報紀錄

時　　間：四月十四日上午九時

地　　點：本部會議廳

出席人員：詳簽到簿

主　　席：部長

紀　　錄：黃超人

一、開會如儀

二、報告事項

林次長報告

現在最要注意者，還是補給問題，茲提出數點以供研討：

1. 凡請求發給新給與者，軍需署須先商詢軍務署，已否整編完成，應否照發，然後簽請核定。

2. 軍務署應檢討機關學校部隊整編情形，按照發給新給與之規定標準，凡要改發新給與者，隨時告知軍需署，由軍需署彙簽核定，自動發給，無待請求。

3. 軍需署每隔一旬或半月，將已發新給與之學校部隊機關開單印發本部各署廳，以備查考。

4. 住陪都境外之眷屬授糧辦法，實際公家已擔負甚重，又無法稽實，而在職員反說本部停發眷糧，其故何在？望加研究糾正。

5. 為增大補給區司令部之效能起見，凡直接補給之軍需物品，必須分知登記，使有查考。同時，使其對於

物品金錢，均有週轉力量。後勤部隊亦須使其能控
制一部。

衛戍總部郗參謀長報告

（一）衛戍總部勞動總隊奉令取銷四個大隊，撥補兵
　　　役，經兵役部派人檢查多不合標準（檢查三百
　　　餘人只選中二十人），此外，又奉令撥戰運
　　　局，但戰運局回復並不需要。似此情形，勞動
　　　總隊恐一時不能全部撥出，關於該隊之給養，
　　　擬請仍與繼續維持。

（二）衛戍總部交通處之下，原轄有三個交通指導辦
　　　公處，頃奉令撤銷，其業務撥交重慶基地司令
　　　部，但重慶基地司令部並未成立，而此項交通
　　　指導業務又不便停頓，如何辦理，請示。

林次長答復：

1. 戰運局目前既不需要，勞動總隊自應再加研究，撥補
　其他單位，在未撥出前，給養當予繼續維持。

2. 重慶交通指導業務，不必專設機構，由憲兵司令部兼
　辦可也。

憲兵司令部張司令報告

市區內軍風紀不佳，無可諱言，軍容檢查哨雖已成立兩
年，但並未見效，其原因即在散兵游勇經拘捕後，無懲
治辦法，且拘禁之房舍及囚糧亦均成問題。

十四軍余軍長報告

（一）軍米羼雜沙泥及水量太多，且秤亦不夠，對於舞
　　　弊人員，擬予拘辦。

（二）防空司令部擔架營，是否可撥交本軍，請示。

林次長答復：

1.應予嚴辦，一有發覺，即予扣留。

2.擔架營可撥交該軍。

軍需署儲備司莊司長報告

陳述關於軍布承織商歷年辦理經過之情形，及此次商務日報發表要求各節，已召集各織戶分別予以答復矣。

三、檢討上次部務會報紀錄

國民參政會建議（一）最末一句，應改正為「編入戰鬥序列部隊」。

四、部長指示

（一）對於軍風紀須特別注意，此事自不無困難之處，希任勞任怨去做，凡散兵游勇破壞軍風紀者，即行拘禁，再視情節輕重，課以勞役，但各部隊決不准補此種人為兵，所需囚糧可照發。此項整飭辦法決定後，應再通令或登報周知，定期執行。

（二）駐軍及憲警部隊對於外出士兵，應先自檢查服裝，務須力求清潔整齊，十四軍准加發外出服一套。

（三）邇來物價暴漲，原定各部隊辦公費多已不夠，可先由十四軍試辦，希望十四軍一面力事節省，一面配合事實，樹立需要標準，以供軍需署之參考。

（四）各部隊補給多係自行搬運，妨礙部隊訓練，後勤

總部應即多設倉庫，可先由重慶區試辦。

（五）後勤補給，應自成系統，使部隊主官毋須分心兼
顧，並由十四軍先試辦。

（六）我國軍隊服制，即須改進，可仿效美軍式樣，速
行辦理。

本年冬服須能按新定服制發給，應早行準備，
邊疆較遠之區，尤須及早辦理。

五、散會

第十四次部務會報紀錄

時　　間：四月二十一日上午九時

地　　點：本部會議廳

出席人員：詳簽到簿

主　　席：部長

紀　　錄：黃超人

一、開會如儀

二、報告事項

林次長報告

（一）各庫所之整頓重在實際，各署司主官須利用機會，親自巡查改進，其在外埠各庫，則派熱心可靠之人，不斷巡視，不斷改良，庫員須於有出身經過訓練之人員中鄭重選擇。各庫所如有建議，當盡心為之解決，如需新建庫所，則應因地制宜，利用原有房屋整修，庶合用而省費。

（二）一九四六年申請租借物資之原則草案，前經擬訂通知，雖尚未奉正式核定，但各署司可先照此原則，草擬申請品種數目，待核定後再加修改，統一提出，以免分歧。

（三）後勤總司令部為本部一隸屬機關，非如部內各署司，為本部之幕僚單位，故對於行文系統，應特加注意。

（四）駐渝部隊之補給站，須於下星期內實行改善，力

求方便。

（五）陪都市郊之散兵游勇，以及有礙觀瞻與妨害風化
之現狀，限於本月底以前一律肅清。

（六）行政院事務會報，為求節用電力起見，轉知各機
關，非辦公時間注意關閉電門毋使浪費，希各
部份轉知各該處值日人員特加注意。

（七）劉處長雲瀚不久須赴新疆組織供應處，其組織內
主要幹部人員如有由各署派出者，務望迅選最
優人員，與劉處長商定後一同前去。

駐昆管理處邵主任報告

陳述赴昆考查原有各辦事處工作情形，及對今後駐昆管
理處業務開展之各項意見。

衛戍總部郝參謀長報告

（一）前奉指示整頓渝市軍風紀，已於昨日按新訂辦
法，分知各機關，凡違犯軍風紀經拘捕者，先
罰勞役後送萬忠師管區課服兵役。

（二）交通指導辦公處業務，經召集憲警單位共同研
討，均感無法抽派人員兼任，今後能否酌加專
任人員辦理？請示。

林次長答復：

可於該部交通處內附設必要人員（校級四員、尉級十二
員，共十六員）負責辦理，其人員由本部人事處於本部
附員中選派。

編練總監部張參謀長報告

青年軍各師已自三月一日起開始正式訓練，因武器太
少，致不能按照進度實施，請予補充。

林次長答復：

武器補充軍械司已有預定計劃。

軍需署糧秣司黃司長報告

（一）三十四年軍糧應在四月初即行籌辦，現為期已過，究應按照現有人數，或整編人數？請示。

（二）糧食部請本部將應減軍糧之部隊番號及人數通知，以便減發。

林次長指示：

一律以軍務署之統計數字為準。

三、檢討上次部務會報紀錄

（一）關於勞動總隊轉撥問題，昨經行政院擬訂辦法已簽請委座核示。希於五月底處置完畢，軍糧經費亦發至五月底止，再該總隊農場屯墾隊情形須查報，經費軍糧亦以五月底為限。

（二）四項（一）「對軍風紀須特別注意，此事……」以下加「辦理」二字，又同節「……但各部隊決不准補此種人為兵」應改為「……不准補此種人為士兵伕役」。

四、部長指示

（一）各倉庫一律須加整頓，庫房之牆腳應另加士敏土，並在地下層鋪沙，以資防鼠防濕。

（二）所有醫院須重加整理，但可先就少數醫院整理作為示範，此外，並應加重其責權，切不可事事由上級直接辦理，俾能分層負責。

（三）各機關經營之農場屯墾，其所需軍糧及經費等，
今後除傷殘官兵及中央有計劃設置者外，其他任
何機關所辦農場之軍糧經費，一律停發。

（四）會計處預算計算手續，須力求簡化。

（五）駐新疆官兵之給與標準，簽請委座核定。

（六）本部現有之信紙、信封及各種表冊等，多長短
大小不一，參差不齊，須重新規定合乎標準。

五、散會

第十五次部務會報紀錄

時　　間：四月二十八日上午九時
地　　點：本部會議廳
出席人員：詳簽到簿
主　　席：部長
紀　　錄：黃超人

一、開會如儀

二、報告事項

林次長報告

（一）五月一日起辦公時間撥早一小時，雖仍為上午八時上班，而實際時間則為上午七時。

（二）渝市區內汽車行車速度，及碰傷行人之處置辦法，規定如左：

　　1. 行車速度，每小時不得超過三十公里。

　　2. 汽車如碰傷行人，其附近任何醫院必須收容救治，並即責成肇事之車輸送到院。

　　以上規定由衛戍總部會同市政府執行，本部即通知軍委會辦公廳，請以會令分別行知。

（三）為準備居住陪都市區內之本部官佐眷屬，計口供應實物計，軍需署應擬具眷口調查辦法，分由各單位負責核實調查彙報。

（四）本部公文卷夾，卷面須力求簡潔，只記廳署名稱，無須多所黏貼，卷夾顏面，只分緊急（紅

色）、次緊急（藍色）二種，總務廳研究辦理。
至於文件本身，務望各署處轉飭承辦人員，特
別注意整潔，無永久性之黏條，不必多貼，如
確有簽註必要，亦須用規定紙張，鄭重記載。

（五）每屆月終，本部應將以下各項統計表提出軍委會
會報：

1. 已發新給與之統計表，由軍需署調製。

2. 已整編之軍隊及裁減機關學校單位統計表，
由軍務署調製。

3. 現有傷病官兵人數及出院人數統計表，由軍
醫署調製。

其他各單位如有足資提會者，亦可作有系統之
書面陳述，以便提出報告。

（六）凡對外發表我軍傷亡人數，應一律以軍令部第二
廳所調查者為準。

（七）本部春季工作檢討報告尚未能詳細核閱，茲先就
已所見者提告如左：

1. 各署處所報之檢討表格，格式未能劃一，以
致無法彙整。

2. 所報各表大多缺乏檢討意義，不能達成檢討
之目的，只可作為下次改進之基礎。

3. 所謂檢討，必須有比較性，如預訂計劃與實
施進度之比較，過去與現況之比較，觀其效
果，衡其得失，而求其改進。

4. 茲規定檢討報告通用表式一種（另發），此
表只作填具文字之用，各種統計圖表（統計

表方式另詳統計規定）可作為此表之附件，
用以補足意義，分別部居。

5. 春季未完成之工作，本期應加緊進行。

6. 各署處於檢討中所提出之意見，另行分別
核復。

（八）公文簽名或蓋章問題，總務廳再加研究，規定一
律，本人以為改用簽名方式，既可表示親核，
確定責任，或亦可藉此增加工作效率。

（九）此次派員檢查各倉庫，目前所知者以錢倫體一組
成績最優，所提各種改進意見，殊有見地，希
各主管單位予以重視，力圖改進。

各倉庫現任之主管人員，須澈底檢討，不健全
者，即予更換，遴派能負責可信任之人員為要。

編練總監部張參謀長報告

（一）因鄂北、豫南之軍事影響，冀察蘇魯皖等省從
軍青年約六、七千名不能西來報到，經奉委座
核准在皖成立一至兩個團，其營房、營具、被
服、經費等項，請予準備。

（二）因訓練通信兵之需要，請發每師蜂鳴器四十二
只、A電瓶一百只、B電瓶二十只。

林次長答復：

可酌予發給。

（三）戰運局前曾允許一俟新車運到，提前發給青年
軍，但迄今尚未見發，擬請代催。

（四）交輜司前允俟腳踏車修理竣事，即可發給，惟迄
今尚未見發。

交輜司王司長答復：

1. 戰運局迄今尚無新車運到。

2. 腳踏車仍未運來，俟運到修理後即發。

衛戍總部郝參謀長報告

（一）本部勞動總隊已遵照部次長前所指示分別辦
　　　理，原由行政院發給經費之部份，已逕請市政
　　　府接收。

（二）軍官總隊所需房屋，前奉令將 83D 現住房屋讓
　　　出，但以 83D 尚未覓得住處，一時不能遷讓。
　　　其次，關於警衛方面，又奉令須留一部份兵力
　　　擔任勤務，將來 83D 遷讓時，擬請准予保留一
　　　部份房屋，以為擔任勤務之衛兵居住。

十四軍余軍長報告

（一）83D 師長原擔任遷建區指揮官，今後因房屋遷
　　　讓，駐區變更，勢不能兼顧，此項職務，將由
　　　何人擔任？

（二）本軍經理情形已有改進，公費標準現正在試辦中。

（三）本軍現無蚊帳，查石橋舖 97A 之倉庫內儲備甚
　　　多，可否撥用？請示。

軍需署陳署長答復：

該軍蚊帳即可撥發。

總務廳劉廳長報告

本部信封信箋之尺寸，已遵照指示統一規定，並經奉准
印發在案，希各單位按照規定尺寸製用。

三、檢討上次部務會報紀錄

（一）三十四年度軍糧，除眷糧外，按四百萬人預算。

（二）勞動總隊軍糧經費，統自本年五月一日起停發。

四、部長指示

（一）兩月來接到告發貪污腐敗案件達三百餘件，今後必須嚴予整飭，茲規定自五月一日起，凡屬本部職員發現貪污情事者，一律拘送特務團候命處置，毋使倖逃法網。

（二）魏德邁將軍提出盟軍方面將限制士兵外出時間，平時晚間須於十一時以前歸隊，星期六至遲亦不能過晚間十二時，逾限憲警即可加以干涉。提請軍委會通令照辦。

（三）軍醫署署長新舊任交接，派顏主任秘書監交，軍需署、會計處亦各派一人隨同前往。

五、散會

第十六次部務會報紀錄

時　　間：五月二十六日上午九時

地　　點：本部會議廳

出席人員：詳簽到簿

主　　席：林次長

紀　　錄：黃超人

一、開會如儀

二、報告事項

林次長報告

（一）本部前次派遣清查倉庫視察組之報告表，已分送
　　　有關各署，此為最切實而有價值之報告，希詳
　　　加檢閱，茲為提起注意起見，特將其中重要事
　　　項摘述如下：

　　　1. 駐川糧秣處第二十四倉庫於鄒庫長任內，被
　　　　 盜賣軍糧七十三萬餘斤，此事迄今未加追
　　　　 究，應查辦。

　　　2. 交通燃料第五十八倉庫收發油料甚少，可酌予
　　　　 裁減，該庫所存空桶甚多，亦宜加以處置。

　　　3. 駐川糧秣處第廿一倉庫士兵人數太多，可斟
　　　　 酌裁減。

　　　4. 駐川糧秣處第八倉庫榮昌分庫，前任庫長虧
　　　　 欠軍糧二萬八千餘斤，應予追究。

　　　5. 本部第十六油庫所存五十三加侖大桶六千餘

只，五加侖小桶一萬二千餘只，應予處理。該
庫人數太多，前兩任之庫長既不在庫辦公，竟
仍在庫內支薪，此種積弊均應予以清除。

6. 後勤總部第五車料庫，辦理甚佳，應予嘉獎。

7. 兵工署昆明辦事處第九庫張庫長，能力甚
   強，處理亦當，可記功或發獎狀。

8. 兵工署昆明辦事處第十二庫業務簡單，可予
   撤銷。

9. 通訊器材總庫第四儲備庫，帳目登記整齊，
   可予嘉獎。

10. 黔桂湘邊區兵站總監部第廿七糧服庫，保管
    得法，宜嘉獎。

11. 中國陸軍總部後勤司令部第三補給區司令部
    威寧燃料儲備庫，處理得當，應予嘉獎。

12. 後勤總部第三補給區司令部交通器材第
    四十九庫，編制龐大，應緊縮。

13. 黔桂湘邊區兵站總監部直屬第六糧服庫業務
    較繁，現有人員不敷，可酌予增加。

14. 後勤總部直屬第八十七軍械庫，存品多已逾
    時，經此次檢查處理後，即可撤銷。

15. 後勤總部直屬第四糧服庫，存鹽七十餘萬
    斤，七、八年來未予動用，應設法運用。

16. 後勤總部交通器材第五十六庫已無補給業
    務，可予撤銷，惟該庫過去保管尚佳。

（二）本部及附屬單位編制表已印發，希各單位善予保
　　管，嚴守機密。

（三）公文毛病太多，如會稿竟有達二十餘日者，費
　　　時過鉅，今後如屬例案，可先行呈判，事後補
　　　會。如須相互商討者，則利用電話商妥後辦
　　　稿，以爭取時效。

　　　公文簡化辦法內之代行問題，行政院已有規定，
　　　此代行辦法之能否有效實施，不在公文本身，而
　　　在各主管業務之是否有整然之確定計劃，如業務
　　　有確定詳密之計劃，則各級主官對於業務負責之
　　　範圍自能明瞭，自可放膽代行，否則業務如無確
　　　定計劃，則遇事均無把握決其可否，代行辦法又
　　　何能暢行，因此本人認為欲實施代行制度，其前
　　　提須由各主管人員對於其業務須預先擬定有確
　　　實整個之計劃也。

　　　又各單位主官對所轄業務，宜時自檢討，每日至
　　　少須有二小時之思慮時間。余以為欲求公文效
　　　率，第一，業務方面須有確定之方案；第二，必
　　　須有思慮之時間，始能爭取主動，提高效率。

　　　關於公文之改進事項，張參事提出之書面意見，
　　　亦可參考。（摘要另發）

編練總監部張參謀長報告

（一）青年軍各師教育時間已進行大半，而各種武器
　　　迄未齊全，尤以砲兵教練無法進行，請發給教
　　　練砲數門，以利教育。

（二）每師原配備汽車六輛，現多不能行動，請增撥每
　　　師四輛，以便調換修理。再腳踏車亦請早發。

（三）冀察蘇魯皖等省從軍青年，前奉准在皖成立

一至兩個團,現已在六安成立二團,番號為「六三一」、「六三二」,約三千五百人,特提出報告,請有關各署司注意。

林次長答復:

1. 砲兵除迫擊砲外,其他砲候軍務署研究後再定。

2. 青年軍員額數字,由編練總監部提交本部軍務署。

後勤總部端木副總司令答復:

青年軍各師增撥車輛,須俟新車到達後再行酌發,目前請先自行修理。

交輜司王司長答復:

腳踏車已運到,可即發。

軍械司陳司長答復:

六安新成立二團之軍械已準備妥當,只候運輸。

衛戍總部郝參謀長報告

軍官總隊所需房屋,已讓出一部,約可住三千六百人。

十四軍余軍長報告

(一)八十三師之一部奉令移駐江北,現江北房屋至窘,查廣陽壩之空軍招待所尚未住人,擬駐師部,請鈞部代為交涉。

(二)本軍三個師之整訓情形:

　　1. 全軍兵員尚有二千餘名之缺額,即可接收新兵補足。

　　2. 本軍野砲擬請調換迫擊砲。

　　3. 給養改善後,士兵體質日見健壯,病號極少,疥瘡只百分之一、二,不久亦可肅清。

　　4. 醫藥設備已夠,惟缺乏補藥,以致病癒後恢

　　　　復健康較慢。

　　　5. 蚊帳已領到，服裝亦夠穿，惟營房較差。

　　　6. 整訓可無問題，惟將來運輸方面，似宜先予
　　　　籌劃。

林次長指示：

交涉廣陽壩空軍招待所房屋事，請本部總務廳查照
辦理。

騎砲司侯司長答復：

十四軍野砲可調換迫擊砲。

軍官總隊代表盧舒報告

（一）編餘學員給與問題，尚無明確規定，以學員來源
　　　不一，以致待遇未能一致。

（二）編餘學員安置問題，將來是否根據軍委會規定辦
　　　理，抑另有規定？請示。

財務司孫司長答復：

學員待遇一律按照新給與八折支薪。

林次長指示：

安置編餘辦法已公布，軍官總隊將來依照此辦法辦理。

兵工署楊副署長報告

明年度租借法案申請案，戰時生產局希能於六月十日以
前送到，蓋美方須於七月中提出國會討論。

林次長指示：

此項申請案之原則，業經確定，俟各單位報齊後，再開
會審查是否與計劃相符，及有無遺漏情事。

審查會訂下星期四（本月三十一日）下午二時在會議廳
舉行，原計劃人須一律出席。

糧秣司黃司長報告

明年度軍糧人數已計劃按四百五十萬人籌辦，惟糧食部認為可增加三十萬人，按四百八十萬人籌辦，向例此項人數須由部次長作最後決定，請示。

林次長指示：

俟軍務署對各戰區配備表辦理完竣後，再訂期開會決定。

軍醫署吳副署長報告

（一）本署訂於六月一日接收榮管處，請派員監交。

（二）榮譽軍人在外行動過去係由榮管處自行管理，今後似可由憲兵負責管理。

林次長指示：

1. 請李參議華英監交，會計處派員參加。

2. 原設之榮軍稽查人員，可暫行保留。

3. 在此新舊交接期間，榮軍在外行動，憲兵部隊特加注意。

會計處李會計長報告

報銷制度已遵照指示，力求簡化，此為歷年來會計制度之一大革新。

三、檢討上次部務會報紀錄

四、散會

第十七次部務會報紀錄

時　　間：六月二日上午九時

地　　點：本部會議廳

出席人員：詳簽到簿

主　　席：部長

紀　　錄：黃超人

一、開會如儀

二、報告事項

林次長報告

（一）市區內沿途流落之傷病官兵，請衛戍總部轉飭憲警部隊特加注意，隨時予以切實之救護。

（二）畢業生調查處改隸銓敘廳，原所轄各收訓隊均一律分別改撥。

（三）嗣後人事業務將日見繁重，目前對編餘軍官雖儘量收容訓練，然三個月畢業後即須核定優劣，分別調度，故人事處方面對於彼等之出路問題，亟須事前研究，妥善籌劃。

（四）供應制度創辦伊始，切不可聽其失敗，此中重要關鍵即在於能否核實辦理，即所發實物之品質數量須與規定相符，同時，各單位主官對其所屬人員填報之調查表，亦須切實稽核，務求確實，如此供應制度始不致有失敗之虞。

（五）本部為軍政主管機關，又在戰時，關係重要無待

解說，各級職員須認識自身業務之重要，切勿仿效公司銀行下班之後即各自星散，責任時效兩不措意，今後，本部各廳署處司下公之後必須留人值守，以便緊急案件之處理與收發接洽，此項留值辦法由部辦公室與總務廳會擬呈核。

（六）提高工作效率前已一再提到，惟如何提高則須詳加研究，如延長辦公時間、改革公文方式及手續等雖均有關係，而其根本還在一切業務是否有既定之整個計劃。如軍務署對於整軍工作有完整而詳盡之計劃，同時其他各署有配合此項計劃之各種詳細方案，實施時自可處處主動按步推行，無庸事事請示，工作效率當然顯著。此外，特殊業務設各另有單獨方案按圖索驥，亦能立見功效。故各單位對於主管業務之推行方案苟能熟慮考訂，配合適宜，精確週到，把握時機主動實施，工作效率不期然而自提高矣。

（七）各單位上呈公文，必須親自過目以表敬事之意，內容有不妥者，即應立予糾正，切勿稍存客氣，至於表達之方式亦應注意，如應以圖表說明者，即須繪製圖表附呈，使內容顯豁合理。

編練總監部張參謀長報告

（一）漢中須增加一團之營房，請予增建。

（二）女青年軍需要一個總隊、三個大隊之營房，請准營造。

（三）近以辦理實物補給，原規定每車燃料四十加侖實不敷用，現各師多自購補充，請准予報銷。

（四）市補給委員會所發之煤，每雜小石塊，致不夠燃
　　　用，請通知改良煤質或增加定量。

林次長答復：

1. 兩處增建營房事，由營造司研究辦理。

2. 汽車燃料不夠，可先報預算再核。

3. 煤質改良由軍需署通知市補給委員會辦理。

十四軍余軍長報告

（一）九十七軍留守處存有劈刺工具四百副，請撥交
　　　本軍應用。

（二）南川第十師之武器彈藥等，請撥車四輛運輸。

（三）副食費現已按每人三千六百元，馬乾按每馬
　　　九千八百元發給代金，按平價購物，目下可無
　　　問題。

軍務署方署長答復：

劈刺工具已分配編練總監部三百副，特務團一百副，不
能再分配於十四軍。

後勤總部運輸處任處長答復：

送南川之軍實，已派車運輸矣。

軍需署趙副署長答復：

副食馬乾代金數額可俟軍需署核定後通知。

軍務署方署長報告

各單位按照本年度甲、乙兩種編制所應編造之各種裝備
表，如軍需署之被服、裝具、營具等，軍醫署之衛生器
材，防毒處之防毒器材，軍械司之武器彈藥等表，希分
品種、名稱、數量等欄編造，限六月七日前逕呈俞次長
一份，並分送本署一份備查。

馬政司武司長報告

西康購馬已購到二千匹，係以羅比、布匹及氈子等調換，所差之數正繼續購辦中。

儲備司莊司長報告

部長前指示軍服制式於本年製造冬服時變更，現軍服制式已會同軍務署擬呈在案，但以冬服即須開始製造，西北及路東較遠區域已著手辦理，可否即遵照部長指示原則，先從領章上改良，衣服式樣暫不變更。

林次長指示：

軍服制式變更案，下週可提交軍委會會報，俟核定後即可施行。此次變更係先從領章上改良，以領章表示兵種，加肩章表示階級，餘多仍舊。

軍醫署吳副署長報告

（一）對於沿途流落之傷病官兵，本署已有巡迴救護車救護，惟仍難免有所疏漏，以後當與衛戍部隊密取聯繫。

（二）本署六月一日已接收榮管處，惟財產簿冊一時尚未齊全，該處地址即改由榮管司居住。

兵工署楊副署長報告

青年軍之編制與武器配備，原先即未能求得合理之配合，如每師有砲兵二營，事實上即阿爾發部隊亦無此項裝備，再輕兵器方面，亦未能盡如編制，目前只能按八成計算。

林次長指示：

1.青年軍武器之配備已經委座核定，應即轉令知照。

2.每師砲兵二營恐不需要，可撥一營於其他部隊。

畢業生調查處買處長報告

（一）登記失業學員尚有二百餘名，以本處奉令停止收
　　　容，此批人員如何處置？請示。

（二）本處四個中隊奉令移交軍官總隊，其經費可否自
　　　六月一日起由軍官總隊撥發。

林次長指示：

1. 失業學員二百餘名可造冊送人事處先核，以憑辦理。

2. 可自六月一日起撥入軍官總隊，惟仍須核實點收。

軍官總隊彭總隊長報告

學員報到已達千餘名，房子尚不夠分配。

林次長指示：

就房子可能容量儘先訓練。

人事處劉處長報告

編餘人員之出路問題，本處以職掌所限，未便主辦，此
後當盡量協助銓敘廳辦理。

軍需署趙副署長報告

本部辦理生活必需品之供應事項，已自六月一起開始供
應，暫以本部所屬在渝各單位職員眷屬為限。供應之實
物暫以米、油、鹽、煤四項為限，供應辦法係按地區劃
分，憑證在該地區內指定之合作社領取，各單位人事時
有異動，務請詳實核對，隨時通知，以求正確，此外尚
須請求於各單位者：

1. 各種實物送到各單位之合作社時，務請即予接收，故
　 請轉飭各合作社先將囤放之處準備妥當，切勿臨時
　 拒絕接收，以免往返耗費。

2. 前有因所送食米之質量欠佳拒絕接收者，此項食米係

由民食供應處配發，在未分送前已幾經交涉，以來源如此且僅有此種食米不能變換，允以後改善，嗣後當再與交涉。

3. 各單位合作社以承辦實物供應原有人手不敷，紛紛要求增加工作人員，已代轉呈。

4. 各單位之合作社間有汽車不能直達者，務請協助搬運。

5. 煤尚未運到，一俟到達再行配發。

6. 米、鹽均免費供應，油、煤扣價，務請各單位能於次月十日左右扣回。

7. 實物供應事屬創舉，辦法自未能盡善，務請隨時提示意見，俾資改進。

三、檢討上次部務會報紀錄

報告事項會計處李會計長報告之「報銷制度」係「預計算編報制度」，應改正。

四、部長指示

（一）花紗布管制局尹局長提出所撥本部之一萬五千擔棉花，希俟新棉上市後再撥，此事由軍需署確實計算，逕與洽辦。

（二）腳踏車一類物品可盡量撥發需要單位應用。

（三）糧秣司對於領糧單位之人數，應核實發給。

（四）陪都市內榮軍稽查人員可撤銷。

五、散會

第十八次部務會報紀錄

時　　間：六月九日上午九時
地　　點：本部會議廳
出席人員：詳簽到簿
主　　席：部長
紀　　錄：黃超人

一、開會如儀

二、報告事項
衛戍部郝參謀長報告
（一）前奉指示對於市區內流落之傷病官兵予以協助
　　　救護，已轉飭憲警部隊特加注意，並經函請市
　　　府轉令保甲協同辦理。
（二）市區內散兵游勇前經大量拘捕，近來已見減
　　　少，惟恐日久頑生，故態復萌，擬再事整理，
　　　請予酌發軍米以維囚糧。
（三）汽車油料價發手續過繁，逾期又不再補發，今
　　　後可否直接批發油單，免去中央信託局繳款等
　　　手續，以求簡化。
後勤總部運輸處任處長答復：
油料價發制度現正請求變更中，將來可能直接發油，不
再價發。
交輜司王司長答復：
凡規定之油量原係直接發油，價發係其超過限量另定之

補救辦法，至向中央信託局繳款一節，固感不便，但此含有證明之意義，似不便免除。

林次長指示：

對於過去成規，須事事就其實施之結果權衡得失，以定因革，總求簡便合理，如發價、發油同屬國庫負擔，余以為應發者即發以實物，毋須多立名目，在公無益，在事有損，此案交輜司與運輸處會擬改善辦法呈核。

憲兵司令部湯參謀長報告

（一）憲兵部隊以任務特殊零星分散，現在所發煤量每人規定四十公斤，煤質既差，復因三五分爨紛紛請求增加，再炊具伙伕亦以駐地分散不夠分配，請予考慮。

（二）憲兵部隊現有步槍既舊又雜，請予調換；短槍太少，請予增發；刺刀鞘破爛不堪，請予發給代金，俾得統籌修補。

糧秣司黃司長答復：

煤質現正商請市補給委員會改良中，憲兵駐地分散，每人四十公斤確不夠用，擬每人增發五公斤。

儲備司莊司長答復：

現尚有小型炊具可酌予補充。

林次長答復：

1. 短槍可加發。

2. 刺刀鞘修補可發款，由該部統籌辦理。

十四軍余軍長報告

（一）本軍駐地分散，視察時以缺乏交通工具，至感困難，聞鈞部新到三輪卡一批，擬請配發四、

　　五輛。

（二）腳踏車請提早發給。

（三）美造左輪可否價領。

林次長指示：

1. 三輪卡視將來到達之數量如何再議。

2. 腳踏車可發給。

3. 左輪現缺乏，暫緩。

新疆供應局劉局長報告

（一）派赴新疆人員已於七日出發一批，約十一日可全
　　　部出發，以後公文請逕寄新疆。

（二）新疆之衛生人員至感缺乏，現急需X光醫師一
　　　人，尚未蒙派出。

（三）新疆辦理實物供應，運輸方面必須加強，目前暫
　　　就現有之運輸機構自行聯繫以求補救，仍望將
　　　來加派飛機運輸克服困難。

編練總監部張參謀長報告

（一）第十戰區已成立青年軍兩個團，現以人數超過，
　　　擬請再增加一團，可否？請示。

（二）據扎佐二零五師電話，扎佐營房修建費原來預
　　　算一億二千萬元，前奉部長批准一億元，已領
　　　八千萬元，現須加建直屬部隊及中山室等房
　　　屋，擬請再發六千萬元。

（三）總監部直屬部隊缺乏蚊帳，擬請援十四軍例，每
　　　人准發蚊帳一頂。

後勤總部端木副總司令報告

（一）齊福士將軍奉調回美，所遺美軍供應處處長職已

由魏德邁將軍改調歐陽達將軍接充，其所兼昆明後勤司令一職，因尊重羅斯福總統之遺命：「美軍官不得直接擔任華方主官職務」，已准美方辭卸，業奉部長改派白雨生同志接充，並以何世禮同志為副司令，均已赴昆就職。日前歐陽達將軍來渝允盡力協助，並允將運輸噸量先行分配半數歸白司令指揮，嗣後業務進行當較前便利，白雨生同志擔任司令後，一切責任均須吾人自負，除運輸暫須美方協助，械彈及其他裝備由美方供給外，其餘一切軍品補給均須自行辦理，決不能如齊福士將軍負責時可以完全不管，故嗣後各署司處對於白司令主管業務必須有周密之計劃，充分之準備，明確之指導，誠懇之信任及嚴格之考核，中央先有詳盡之辦法，而後始能督責其達成任務。盼望美方協助時，須先盡吾人之所能有事實上之表現，而後始能獲得其同情，此點務請各位注意。

（二）三、七、九、十各戰區因陸地交通梗阻，盼望彈藥、通訊、醫療等器材及法幣接濟甚切，請各署司將確需待補之品種數量盡量核減，於下星期一前列單送交本部彙總，呈核後轉呈委座批示，以便向美方接洽空運。

（三）各部隊反攻需要之軍品，以目前運輸困難，軍政部及本部各單位必須提前準備始能適應時機。

兵工署楊副署長報告

本部軍需署英文簡稱不一，有以 MSD 或 QMG，亦有

以 CD 簡譯者，近以三年來存印物資全部運到，因過去
對外申請布疋，喜以軍布為名，故運輸時均標以 CD 字
樣，至昆明後即交由軍需署倉庫接收，但花紗布管制
局認為其中一部份係該局布疋，請求撥交，現正在交
涉中。

部長指示：

對外申請之布疋既以軍布為名，復佔軍運之噸位與便利
輸送到昆，故無論誰屬皆應作為軍用，此項布疋無本人
命令，任何人不得擅自撥出，同時可簽呈委座核定以杜
爭論。

三、檢討上次部務會報紀錄

（一）劈刺工具聞第四分校遺留甚多，可調查撥用。

（二）各單位應依照編制編造之各種裝備表尚未送
　　　齊，請速辦。

（三）實物供應，煤尚未運到，現暫由供應局自製煤
　　　球代替，以濟急需。

四、部長指示

（一）歐陽達將軍來談：

　　　1. 渠擬取銷中美聯合購馬處，本人答以：「如
　　　　 美方認為無此需要，自可予以取銷。」
　　　　 購馬自以白銀、盧比為主，不能以槍枝相交
　　　　 易，惟聞各馬廠有請求中央發給槍枝以資自
　　　　 衛者，希即調查，如係實情，政府可徵收其
　　　　 馬匹補足其自衛之械彈。

　　2. 本年度甲種編制師之被服供應，歐陽達將軍請改由我方負責，余告以美方前有諾言，因此我方原料未予準備，製造亦來不及，運輸尤為困難，仍請由美方負責辦理，但軍需署仍應切實注意。

（二）皖省青年軍增加一團之要求不能允許，如有超額可撥補其他部隊。

（三）青年軍砲兵營可集中訓練，由林、俞兩次長，編練總監部，軍務署及騎砲司研討決定。

（四）寶雞之特聯分校經費，應自七月一日起停發，校舍可撥為青年軍之營房。

（五）過去往往應由本部主辦之案件，而軍委會辦公廳或侍從室逕行辦，出事後又未通知，頗有紛歧脫節之現象，同時下級承受機關亦苦無所適從，嗣後本部辦公室應與兩單位切取聯繫，並準備此案提軍委會會報。

（六）軍服制式勢須變更，但可逐漸推行，舊有軍服不必即廢，以資節省物力，此事可簽呈委座核定。

（七）半年來本部之工作檢討亟應開始辦理，此次檢討可與本部對參政會之報告書併辦。報告書之方式切勿仍循前轍開列一筆流水帳，應以各個問題作中心，解決問題經過之程序為內容，希各單位切實注意及之。

（八）本部辦理公文時日統計表中尚列有二年以上之案件，茲予規定，凡在半年以上者，統限於本月底結清。

（九）各單位主官參加部務會報，事先可徵集所屬各
　　　級人員之意見，使下情得以上達，業務日有改
　　　進，更得集思之效。
（十）邇來天氣炎熱，辦公時間似須變更，可提請軍
　　　委會酌予改訂。
（十一）聞德造（Horch）指揮車車胎尚存若干，交輜
　　　　司與運輸處查報。

五、散會

第十九次部務會報紀錄

時　　間：六月十六日上午九時
地　　點：本部會議廳
出席人員：詳簽到簿
主　　席：部長
紀　　錄：黃超人

一、開會如儀

二、報告事項

編練總監部張參謀長報告

兵工第十廠所出之新迫擊砲，請先發青年軍教練。

製造司鄭司長簽復：

第十廠現所製造者係超口徑迫擊砲，尚在試驗中，暫不能發。

衛戍總部郝參謀長報告

市區內之散兵游勇已開始拘捕，囚糧之消耗將來擬實報實銷。

騎砲司侯司長報告

砲兵部隊之修理材料及油料，以補給實施綱要內未有明確規定，究由何單位主管？請示。

林次長指示：

應由後勤總部主管，補給綱要第二十一條由交輜司與後勤總部運輸處會商修正，於下次會報中提出。

交輜司王司長報告

酒精驗收手續過繁，不能適應時效，請予簡化。

林次長指示：

由會計處與交輜司商擬簡化辦法，以不妨礙用油之時機為原則，於下次會報中提出。

軍械司樊副司長報告

（一）由渝運往西北之軍械，計共一、六二六噸，內有第一戰區者六九六噸，成都尚有待運廣元之六公分迫擊砲彈六、三二六顆，計重一九三噸。

（二）昆明方面尚有內運美械，計重二、○四六噸半，加造九公厘手槍子彈及美七九子彈共計一、八八八噸。

（三）本部補充騎五軍之步機槍、迫擊砲，奉委座手令限六月底送到。

以上三項均需用甚亟，請後勤總部運輸處作成運輸實施計劃迅予實施。

軍需署趙副署長報告

（一）三、七、九戰區軍費運送困難，原已商請美方按月空運三十噸，迄今為止只運出九噸，現各戰區催索至急，其中最緊要者約四噸，請即撥機運出。

（二）路東各戰區本年應發官佐之夏服料尚未發出，已一再來電催詢，可否撥機運出或改發代金。

林次長指示：

東南戰區物資空運已另有整個空運計劃，請核示中。至於官佐夏服料可改發代金。

後勤總部郗參謀長答復：

軍鈔空運俟計劃核定後，與美軍總部商洽辦理。

衛生司徐司長報告

白市驛及重慶市郊發現霍亂，業已證實為真性霍亂，除通知有關機關外，經於本月十五日召集衛生署、市衛生局開會商討，決議成立聯合防疫機構，並在市郊設立臨時防疫醫院五所，收治軍民患者。關於預防注射，除市政府已成立注射站二十三所，隨時可為人民注射外，各軍事機構部隊均已發有霍亂疫苗，由各醫務所切實負責普遍注射，以事預防。

會計處李會計長報告

本處處理公文，自檢殊覺遲慢，但所辦預算部份案件均與各單位業務有關，為聯繫核實起見，必須徵詢意見後，方可辦出。因之輾轉遷延亦為不可避免之事實，嗣後除飭所屬加緊辦理外，凡送各單位會稿或徵詢意見之案件，請予提前辦理。

林次長報告

（一）關於青年軍之處置，頃奉委作手令：

  1. 青年軍可依其志願編成特種兵部隊。

  2. 凡陸海空軍學校招收新生可盡量在青年軍內考選。

  3. 選青年軍三至五個師改編為軍士教導總隊，給以班長或憲兵之訓練。

  4. 保留二至三個師仍為青年軍之師。

    由本部軍務署與編練總監部遵照指示原則會商擬訂方案。

（二）齊福士將軍已奉調回國，其所任後勤總部之陸
　　　軍中將銜副總司令及其他各職均應明令解除，
　　　由人事處會同後勤總部辦理。

（三）本部上半年度工作檢討之主要項目業已印發，
　　　希各單位主官切實注意，並指導所屬依照項目
　　　分別辦理，所有文字圖表必須顯明確實，送呈
　　　時尤須親自檢點。

三、檢討上次部務會報紀錄

（一）煤量規定每人係四十市斤，憲兵部隊以駐地分
　　　散，每人增發五市斤。

（二）關於空運部分，以魏德邁將軍曾有備忘錄，內
　　　規定待運物資須奉委座批准始能撥機運輸等
　　　語，三、七、九、十戰區待運之彈藥器材等
　　　項，業已彙列總表簽呈委座核批。

四、部長指示

（一）技術人員待遇可酌量提高，以求合理，速擬定
　　　辦法簽呈委座核示。

（二）璧山第一紡織廠與各織戶間之糾紛，應查明呈
　　　報核辦。

（三）官兵薪餉以物價激增，勢須改訂，應按官兵最
　　　低生活所必需，依照物價指數作合理之調整，
　　　由會計處財務司照此原則速編預算，於本月
　　　二十日以前提出。

第二十次部務會報紀錄

時　　間：六月二十三日上午九時
地　　點：本部會議廳
出席人員：詳簽到簿
主　　席：部長
紀　　錄：黃超人

一、開會如儀

二、報告事項

編練總監部張參謀長報告

（一）青年軍各師現缺乏暑藥與腸胃病藥品，擬請由軍
　　　醫署發給或准予自購。

（二）女青年服務總隊部所需房屋，請提早營建。

（三）二〇七師已撥新六軍，美械裝備已運到一部份，
　　　原發之武器似應收回撥補其他各師。

（四）二〇五師可行動之車輛僅有一部，請增發或將壞
　　　車調換。

軍醫署吳副署長答復：

必要之暑藥可酌發，腸胃病藥品請貴部軍醫處長至署
洽辦。

林次長答復：

1. 總隊部房屋可由總監部自行招商營建，本部營造司
　　派員監督。

2. 二〇七師武器由軍械司辦理。

3. 二〇五師所需車輛由後勤總部運輸處予以調換，以後配給車輛，凡各該單位有是項編制者，可逕撥屬該單位，毋庸配屬，俾易管理。

衛戍總部郝參謀長報告

勞動總隊奉委座批示仍交本部辦理，現已按照行政院所發經費盡量緊縮，惟軍糧眷糧無著，擬請軍政部發給。

林次長答復：

該總隊之軍糧眷糧本部無法發給。

憲兵司令部湯參謀長報告

（一）近日市區內盟軍增多，須加派憲兵與之聯繫，惟市區範圍遼闊，請撥發少數車輛，以便經常巡查。

（二）憲兵駐於重要城市者，與盟軍接觸機會甚多，請撥派譯員擔任翻譯工作。

（三）市區內死亡軍民，每送至江北之官山左右，既無棺木又掩埋不深，影響衛生至大，江北憲兵學校就近派人阻止，其中因有軍事機關兜送者，故時起衝突。

林次長指示：

1. 巡查車輛可發二輪卡，由交輜司洽發。

2. 可將需要譯員之人數、階級、駐地開列送部，以便轉請外事局撥派。

3. 應指定埋葬地點並規定掩埋深度，由軍醫署會同市政府、警察局及憲兵司令部商討辦法，決定後交憲警部隊監督執行。

十四軍余軍長報告

（一）頃往第十師視察，該師原係兩個師編成，故士兵
　　　體質本較健壯，加之近來給養改善，益見良好，
　　　衣亦已夠穿，病號極少，醫藥夠用，醫務員兵現
　　　努力於環境衛生之改良，使防病於未然。

（二）各師師長無交通工具，視察至感不便，請撥發
　　　車輛。

（三）各師裝備已見齊全，惟運輸及通信器材殊成問
　　　題，如砲兵需要之騾馬，即以第十師而言，幾
　　　缺七分之一，汽車尤感缺乏，一旦有事，行動
　　　不易，無線電話機亦不夠，均請予以充實。

林次長指示：

1. 補充騾馬由馬政司研究辦理。

2. 無線電話機將來可儘先發給。

軍務署方署長答復：

該軍各師已撥發三輪卡。

軍官總隊莫副總隊長報告

（一）報到及登記之學員已超過編制，現有營房不夠
　　　容納，計缺少兩個大隊之房屋。

（二）請准成立特務連、輸送隊及通信排。

林次長指示：

1. 軍官總隊應就現有房屋與設備，分期召集，由人事
　 處劃分，分別通知，其待遇仍均照規定給與。

2. 該總隊特務連及輸送隊應否成立，由軍務署研究。

軍務署方署長答復：

通信排已照撥。

三、檢討上次部務會報紀錄

報告事項編練總監部張參謀長報告「……請先發青年軍教練」應改正為「……請先發幹訓團若干門以資研究其性能，試驗其操法運動與射擊。」

四、部長指示

（一）拘捕之散兵游勇，應科以勞役，先令整理市區內之清潔。

（二）邇來霍亂盛行，所有官兵應一律注射防疫針，如有脫漏，其主官應負責任。職員家屬，各級醫務所須為之注射，可分知各軍事機關及通令所屬知照。

（三）十四軍醫務人員工作努力，應予嘉獎。

（四）本部上半年度工作檢討，應著重組織與業務之配合，使能達成分工合作之效，希各單位誠懇檢討，以資改進。

（五）技術人員待遇問題，由俞次長召集會議擬定辦法，於下次會報中提出，希能於七月份起開始調整。

（六）官兵薪餉調整案，除分呈外，提出軍委會會報。

（七）電報費及酒精費，應改由國庫直接支出。

（八）據報貴陽現有二十多萬非戰鬥員，究隸屬於何機關？軍務署、軍需署速派員調查列表呈閱。

（九）寶慶警備司令部人員未發之遣散費及應補發各項經費，軍需署查明報核。

（十）本部所有之營房營地等財產，由營造司調查列冊
　　　呈閱。

五、散會

第二十一次部務會報紀錄

時　　間：六月三十日上午九時

地　　點：本部會議廳

出席人員：詳簽到簿

主　　席：部長

紀　　錄：黃超人

一、開會如儀

二、報告事項

編練總監部軍務處霍處長報告

（一）委座手令：「青年軍各師砲兵營著先配發舊砲予以教練」等因，該項舊砲之種類數量及領取地點等，請賜示以便計劃分配。

（二）東南兩個師（係四團制）及立煌兩個團均迫切需要通信器材及武器，請提前運發。

（三）學員六十員及書籍、油布等件計六噸半，約需車三輛運往漢中，又運往扎佐者計三噸半，均請撥車運送。

林次長答復：

1. 可先以一個砲兵團所有之舊砲分配於青年軍砲兵營教練，務須達成委座之手令，由騎砲司研究辦理。

2. 所需通信器材及武器已有準備，現可合併計算必須空運之噸位，簽請委座核交航委會派機運送。

3. 少數車輛可逕與後勤總部運輸處洽辦。

憲兵司令部湯參謀長報告

（一）渝市憲兵隊以業務關係多分駐各交通要道，此
　　　等區域之房屋租金既高又不易尋覓，即前已租
　　　定者，近以無空襲危險，居民紛紛遷回迫令移
　　　讓，可否擇重要地區分建簡單營房以為憲兵隊
　　　之用。

（二）憲兵因儀容關係必須穿有皮鞋，前已奉准自製七
　　　仟雙，但現有憲兵約二萬人，實不敷分配，請
　　　每人每年發給皮鞋一雙，布鞋原規定每人每年
　　　三雙，亦不夠穿，並請增發一雙。

林次長答復：

1. 建築營房恐緩不濟急，可依照規定徵用民房。

2. 所需皮鞋、布鞋可列單送軍需署酌辦，皮鞋只可限於
　 在市區服務者。

十四軍余軍長報告

（一）前九十七軍辦事處房屋（中正路一一四號）現已
　　　由本軍特黨部接收，惟內中有少數私人寄居不
　　　肯遷出，難免成訟。

（二）本軍駐白市驛二五三團，以環境複雜，唐團長不
　　　善應付，致常起爭端。
　　　以上二項恐傳聞失實，謹此報告。

（三）現發之燃煤質量太差，常感不敷，可否改發代金
　　　由各單位自購。

軍需署陳署長答復：

燃煤原係市補給委員會辦理，現以該單位即將撤銷，正
擬自辦法在擬訂中。

軍官總隊莫副總隊長報告

（一）軍官總隊各大隊分駐各地聯繫困難，請將歇台子
　　　附近之前榮管處房屋撥交本總隊，俾可將駐於
　　　江北之一個大隊調回。

（二）採買飲水等所需運輸工貨太大，擬請成立輸送隊。

（三）請撥發三輪貨車二輛應用。

部長指示：

1. 重慶附近所有營房，由總務廳營造司會同計劃重作合
　　理之分配。

2. 輸送隊名義不應再行存在，可酌撥載重卡車二、三輛
　　代替人力。

兵工署楊副署長報告

租借法案申請案，生產局方面擬於七月五日送出，本部
希能於下星期一以前將各項表格製就，交署彙送。

軍醫署衛生司徐司長報告

重慶市郊霍亂迄未稍減，據戰時防疫聯合辦事處報告，
自六月初至二十七日止，軍民染疫者共九百二十人，內
中經調查所得，軍人染疫者計三十餘單位，共三十六
人，內死亡十人。

白市驛霍亂本已逐漸撲滅，自六月起由涪陵疫區開來
新兵四連，因已染疫，在途中及到達後之四天內發現
六十六人，情勢突然嚴重，經竭力防制，二十八日起已
稍減，該地自六月一日至二十七日止，軍人染疫者共
一百〇一人，內死亡三十五人。

林次長報告

（一）辦公時間頃奉行政院規定，自七月一日起，下午

除必要人員外停止辦公，軍委會補充規定，下午在九十二度以下，四至六時仍照常辦公，超過九十二度時，留必要人員辦公，其餘休息。

各署司應將經常輪值人員製表呈部備查，如有必要，除輪值人員外仍可臨時指定人員繼續辦公。

（二）分層負責案雖已有明確之規定，但事實上仍未做到，如「代行」一節，各署司處可視其性質依照規定辦理，毋庸事事轉呈。此事初辦時或有困難，甚至會出毛病，但亦無妨，正可加重各級人員之責任心，並藉以鍛鍊其處事之能力，人事經理案件向例由上層決定，但此亦可詳作規定，如某種階級人員可由各單位簽具，逕由人事處核定，已有定案之經費，亦可由各單位逕發，至公文蓋章簽字問題，本人以為除必須蓋章者，如對上之簽呈等外，均可一律用簽字方式，表明經過親自核閱，以示負責，復可藉以減化手續，希能定期執行，即以廢除蓋章制度為開始之表示。

三、檢討上次部務會報紀錄

部長指示改善技術人員待遇問題，已遵照召集會議，經擬訂照調整以後之新給與加給百分之二十，希望以後文官待遇調整時，即以此為準，毋使此處甫經調整彼又提高，至技術人員標準已有條例頒佈，各署司如認為尚有條例未經規定之人員而必須支給者，請逕自簽呈部長核示，並呈請修改條例，此案中較困難者為技工標準之確

定，以其並無顯明之出身，年資又難計算，故已將兵工方面之既定給與辦法抄送各署參考，詳細情形另呈書面報告。

四、部長指示

（一）技術人員待遇，所有各軍事機關（包括陸海空各單位）必先能統一給與數目，只問是否合理，不必與文官相比較。技術人員標準可按學校出身、工作年資、現行業務及工作成績而定，由兵工、軍需兩署再行研究會簽呈核。

（二）五月份各兵工廠之出產量均超過預訂計劃，應予嘉獎或發給獎章、獎狀。

（三）嗣後對於技術人員，各機關如有需要，可互相洽商調用，對非公務員身份之技術人員，可予以徵用，切不可以金錢名位相引誘，此事可簽呈委座核示。

五、散會

第二十二次部務會報紀錄

時　　間：七月十四日上午九時
地　　點：本部會議廳
出席人員：詳簽到簿
主　　席：部長
紀　　錄：黃超人

一、開會如儀

二、報告事項

衛戍總部郝參謀長報告

（一）市區人口增多，水電不敷供應，加之各部隊機
　　　關為經費所限，不能償付水電費用，故常有竊
　　　水竊電情事。現對竊水問題雖已組織檢查隊，
　　　惟效力不大，茲為求根本解決計，經由本部電
　　　請市政府，對各憲軍警單位（軍事機關不在內）
　　　予以免費或優待，已得各方同意，現正由本部
　　　調查憲軍警單位之番號、人數及需用水量等，
　　　如能與自來水公司之儲水量相符，則此項竊水
　　　問題，當能解決。竊電案擬於處理竊水辦法實
　　　施後，斟酌情形再訂。

（二）煙犯之審判，仍須由本部負責，原辦理此案之
　　　第三科勢須即行恢復，其經費軍糧請軍政部准
　　　予撥發。

十四軍余軍長報告

（一）本軍騾馬數量，編制上為三、七零六匹，必須
　　　之數量為二、五九一匹，現僅一、二九二匹，
　　　應補充一、二九九匹。請求補充。

（二）本軍對副食補給現品或代金問題，經以 83、85
　　　兩師分別試驗，85D 係按三千六百元發給代金，
　　　由其自購，成績反較發給現品之 83D 為佳。蓋
　　　以發給現品，數量既不夠，質量亦較差，例如
　　　現在所發之煤炭，即不能燃燒。希望以後一律
　　　發給代金，以免麻煩。

林次長答復：

1. 騾馬問題，可書面報部，以便由主管單位視其緩急，
　 研究辦理。

2. 副食補給，無論發代金或現品，目的在使官兵得有定
　 量之給養，發現品之缺點，在於組織尚欠健全，須
　 再加研究，總以適合環境實事求是為宜。

軍需署陳署長答復：

十四軍現品補給，原由市補給委員會辦理，該單位正在
撤銷中，手續上或難免差池之處，現在決定自八月份起
由本部供應局自辦，當可力求改善。惟該軍究宜於發現
品或代金，擬俟共同研究後再行決定。

軍官總隊莫副總隊長報告

（一）　軍官總隊學員冊列二千五百人，實到一千五百
　　　　一十人，其應到而未到之學員，以地點不明，
　　　　無法通知，擬請人事處辦理，並限期報到。

（二）前榮管處房屋，經與軍醫署商洽撥交本總隊，

　　　　將來擬撥給周化南大隊居住，該處缺水，擬請
　　　　先打水井。

林次長指示：

1. 可將實到學員名冊送交人事處，並經常與之聯繫，應
　　到而未到之學員，由人事處查明通知。

2. 編餘、遣散及留用之軍官佐屬，人事處應備有名冊，
　　各軍編餘官佐如尚未報齊，可由本部派駐各單位之
　　聯絡員催報。（聯絡組辦）

3. 水井可包工營建。

兵工署楊副署長報告

（一）據昆明管理處電，兵工組所需臨時費囑由本署
　　　　撥發，查此項經費似宜由部統撥週轉金，將來
　　　　再行轉帳。至於該組人員之給與，自應由該處
　　　　統一辦理。

（二）第五軍前請求空運噸位，生產局交本部審核，
　　　　經准在兵工噸位內騰撥，現該軍又向生產局請
　　　　求，擬請機械化司加以研究。生產局方面認為
　　　　部隊不得單獨直接請求空運噸位。

（三）一九四六年度申請案，只軍醫署未送到，將來
　　　　可直接提出。通信兵司已將原案索回修改，請
　　　　即交來。

（四）下星期一下午三時生產局召集會議，討論空運
　　　　噸位事宜，請各單位派人出席。

部長指示：

1. 兵工署在昆明各單位，可造冊交軍需署逕撥經費，由
　　昆明管理處統發。

2. 各部隊不得逕向國外採購物資，更不能逕向生產局請
求空運噸位，此種現象應予改進。

軍需署趙副署長報告

（一）供應處對於官佐之寡嫂孤姪及弟妹等旁支眷屬，
不能供應，惟各方仍多請求，如何，乞示。

（二）前請各單位扣繳油煤墊款，尚未繳到，請予
速辦。

（三）各單位請領麵粉之名冊，迄未送到，請予速辦。

（四）採購委員會本身存廢問題，前經簽呈部長核示，
奉批「提部務會報研究」等因，特提請討論。

部長指示：

1. 供應官佐眷屬之人數，應加限制。

2. 供應以發給實物為主，不能聽其自便，如有必須發給
代金者，須經呈核准。

3. 採購委員會不但不應撤銷，誠認為必須予以加強，
其目的在使各署得有統一之採購機構，不致各自為
政，以資調劑盈虛，泯除現在之不合理的現象。

三、檢討上次部務會報紀錄

報告事項關於青年軍砲兵營配發舊砲一案。

林次長答復：

係以一個砲兵營之舊砲分配教練，其他則仍發迫擊砲。

四、部長指示

（一）此次待遇調整，可儘先就已整編之學校機關部
隊辦理，以促進未整編者迅速整編。

（二）國慶敘勳案，應特別著重於幕僚及低級有功人
　　員，辦公室注意辦理。

（三）此後凡有以情面請託者，應一律予以拒絕，更
　　設法使有所警覺，改變觀念，以矯正此種不良
　　風氣。

五、散會

第二十三次部務會報紀錄

時　　間：七月二十一日上午九時

地　　點：本部會議廳

出席人員：詳簽到簿

主　　席：林次長

紀　　錄：黃超人

一、開會如儀

二、報告事項

衛戍總部郝參謀長報告

（一）衛戍總部特務團防務範圍遼闊，巡查時無交通工具，頗感困難，擬請援憲兵團例，配發三輪卡一輛。

（二）本部現有車輛多已破爛，亦請配發三輪卡二輛。

林次長答復：

所請二項，由交輜司核辦。

憲兵司令部張司令報告

駐芷江一個憲兵團隊，奉委座手令移駐成都，以缺乏車輛，迄未成行，查成都方面已有憲兵兩團，該一個團隊可否仍暫留芷江？俟軍事進展，向東推進，請示。

林次長答復：

可據情簽呈委座核示。

十四軍余軍長報告

（一）本軍營房近經大雨倒塌甚多，請營造司派人查

勘修理。

（二）83D原擔任重慶市區衛戍，85D擔任璧山衛戍，現準備於八月十五日以前換防，特此報告。

（三）原規定代馬輪卒之給與，在馬乾結餘經費項下開支，現擬即以此項經費按月採購馬匹，可否，請示。

林次長答復：

1. 營房事營造司派員查勘，將來可由兵工修建，材料費由本部供給。

2. 購馬案原則同意，由軍務署再加研究。

3. 對於實費經理部隊，該軍可按照分配定量，逐月統計，列表送軍需署參考。

軍官總隊莫副總隊長報告

（一）本總隊倉庫倒塌，迄今尚未修理，請營造司即行派人查勘。

（二）本總隊缺乏交通工具，請酌撥三輪卡數輛。

林次長指示：

三輪卡由交輜司計劃分配。

三、檢討上次部務會報紀錄

（一）部長指示各部隊不得逕向國外採購物資，更不能逕向生產局請求空運噸位一項，應通令遵照，其已採購者，須即報部核辦。（軍務署辦）

（二）部長指示採購委員會必須加強一案，茲規定以後各署採辦物資，必須先經採委會核簽，採委會則須有一總計劃，以為審核之準繩。

四、林次長指示

（一）委座手諭：

　　1.「傅作義所部械彈如何補充，速擬辦呈報」，
　　　查國械補充，已有整個計劃，軍務、兵工兩
　　　署照原則簽復。

　　2.「今後對各部隊副食、馬乾，應盡量發給實
　　　物」，查此項規定，與本部既定業務方針完
　　　全相同，在逐漸推行中。軍務署簽復。

　　3.「各部隊馬匹數量，應按月派員負責核實」，
　　　軍務署研究執行並簽復。

（二）總長何面諭：「美方願以空運送三個軍之國械至
　　　東南區」。本人當時告以本部尚無此項準備，
　　　但美方既允於空運。此後東南械彈之輸送，即
　　　可據此向美方商洽，兵工署研究辦理。

（三）六戰區反攻準備，軍務署對於該戰區砲兵之充
　　　實、彈藥之補給等，應特加注意，對於76A尤須
　　　先予準備。

（四）孫仿魯長官部須配給汽車若干（一排或一班），
　　　交輜司與後勤總部研究辦理。

（五）據邵百昌電話：

　　1.「美軍總部撥來汽車282輛，請示如何處
　　　理」。此案本人以為車輛可先由昆明管理處
　　　接收。至應否開往緬甸拖砲回國，或撥往西
　　　北使用之處，簽請委座核示。

　　2.「昆明倉庫破濫不堪，擬以壞車胎變價補
　　　修」。此事本人原則同意，會計處可派人監

督辦理。

3.「兵工署在昆明部份之經費，已照規定辦法辦理，惟職員米代金數目今昔彼此之間頗有出入」。本人以為本部可重新予以擬訂，總使工作人員可能維持當地最低限度之生活為準則。

4.「該處有車十五輛，請蓋汽車房一間」。本人當已准其搭蓋敞房或茅棚，以免汽車雨淋日曬，容易損壞。

5.「購馬組事渠（邵百昌）不願兼辦。」

（六）一戰區新疆補充兵案可電朱長官，徵詢河西與新疆孰應在先，以憑辦理。

（七）六全大會決議案關於軍事方面者，應即擬具實施辦法及進度，原限七月底以前辦妥，軍務署注意速辦。再本屆參政會軍事方面決議案，部長諭：其有關本部業務者，可列入下半年度工作要點內，軍需、軍醫兩署特加注意。

（八）對整編各師之軍械裝備配賦情形，軍務署須隨時詳查並列表送閱（軍需署亦應隨時加以考核）。

（九）領食軍糧人數修改案，限明晚將總表辦妥，其餘分表亦須酌改。

（十）本部三十四年上半年度工作檢討及下半年度工作要點，本擬於此次會報中討論，茲以時間不夠，以後再訂期召集會議。

五、散會

第二十四次部務會報紀錄

時　　間：七月二十八日上午九時

地　　點：本部會議廳

出席人員：詳簽到簿

主　　席：林次長

紀　　錄：黃超人

一、開會如儀

二、報告事項

軍需署趙副署長報告

（一）前奉命派員赴路東各戰區督製冬服，現以時間
　　　及交通關係，擬就近選派已在路東之經理人員
　　　督製。

（二）重慶市區各機關學校部隊實物補給，自八月份
　　　起奉令交由供應局負責辦理，現實物準備除
　　　木柴、豬肉、青菜、花生，其餘均無問題，
　　　豬肉、青菜兩項，以天熱不易儲藏，擬改發代
　　　金，交由各單位自行購發。惟各單位人馬數
　　　字，迄今尚未報齊，請速辦。再運輸方面，請
　　　後勤總部酌撥交通工具。其次，為每月供應軍
　　　眷生活必需品之扣價，原規定由各單位自行扣
　　　繳，以遲遲未能繳齊，現擬改變辦法，由供應
　　　局通知財務司在各單位經費內扣繳。

主席指示：

1. 路東各戰區督製冬服，只須能辦理妥善，督製人員派遣方法自可由軍需署斟酌情形決定。

2. 實物補給，前已規定原則，但後方各零星單位所需實物，有一部份可發代金，交由各單位就地採購。

3. 扣價改由財務司扣繳辦法可照辦。

財務司孫司長報告

八月份起開始增加給與，此時各方均須匯款，其總數較原額增多數倍，銀行一時無此大量籌碼付出，轉匯及自行運輸，均有困難，擬請通知財政部設法解決。

主席指示：

可將付款地點及需款數額，列表送來，以便與財政部洽辦。

營造司黃司長報告

人頭山第一糧秣廠脫水工場建築廠房，現已開標。

俞次長指示：

溆瀾溪兵工廠附近華福煙廠原造有房屋，曾因認為危險區域，迫令拆遷。今仍在該址建造房屋，難免不與口舌，此事應先由製造司協同營造司查勘確實，再行決定。

儲備司莊司長報告

昆明區方面之冬服材料，早已撥足，該區冬服預期可提早完成，惟撥供貴陽、沅陵兩區之一千五百噸材料，因五、六兩月份未能運出，對該兩區冬服之製作，恐難如期完成。自本月份起，經美軍車輛及西南公路局川湘聯運局車輛陸續趕運，刻已運出八百餘噸，如能商請美軍

將昆明棉花二百五十噸（五千市擔）撥車運至貴陽，則
貴陽區冬服所用之棉花當更無問題。

主席指示：

一面仍與花紗布局交涉，一面可商美軍方面，撥車將昆
明印棉運貴陽以應急需。

軍醫署吳副署長報告

貴陽傷病兵將陸續過渝轉院，擬於海棠溪附近建築傷病
兵站房舍，擬請營造司代辦建築工程事宜。

主席指示：

在渝收容傷病兵，必審慎妥善籌備，房屋由營造司
速辦。

三、檢討上次部務會報紀錄

（一）汽車 282 輛接收處理情形，俟辦理後再行簽呈。

（二）六全大會決議案關於軍事方面者，由辦公室函索
　　　辦理。

四、主席指示

（一）本年八至十二月之預算，已呈行政院。明年度
　　　因新興事業增多，預算自難免困難，故必須提
　　　前準備，各署處希即指定專人研究計劃，關係
　　　各單位並須密切聯繫，將來再召集預算研究會
　　　議，細加研討。

（二）已整編與未整編各單位之待遇，相差懸殊，此種
　　　現象不可長久，軍務署對於未整編者，須予督
　　　促，從速整編。

（三）實物補給，注意勿因金錢而束縛政策，此事各方
　　　矚望甚殷，後勤總部與軍需署必須格外努力。

（四）周副署長視察情形，各單位可將有關資料摘要送
　　　辦公室彙呈部長。

（五）軍隊實物補給辦法，已訂有草案，惟是否適合於
　　　實際情形，尚不可知。此項草案先交由衛戍總
　　　部及十四軍研究。

五、散會

第二十五次部務會報紀錄

時　　間：八月四日上午九時

地　　點：本部會議廳

出席人員：詳簽到簿

主　　席：林次長

紀　　錄：黃超人

一、開會如儀

二、報告事項

衛戍總部郝參謀長報告

（一）本部各單位所駐營房，大都年久失修，有倒塌危
　　　險，擬請營造司派人查勘修理。

（二）最近江水暴漲，上流飄來汽油多桶，先後經本部
　　　撈獲或經人民撈獲報繳者已達八十一桶。頃准
　　　憲兵司令部通知，美軍已向該部交涉索取此項
　　　汽油，是否應予發還，請示。

（三）軍隊實物補給辦法已經本部及十四軍加以簽註，
　　　面交吳主任轉呈。

交輜兵司王司長答復：

此項汽油，係美軍所有，請通知外事局洽領。

林次長答復：

1. 營房可自行修理，由營造司派員驗收。

2. 現已撈獲之汽油，切須注意保管，既係美軍所有，應
　請外事局通知美方領回。

軍官總隊莫副總隊長報告

登記學員為三、三六〇員，已報到編隊者為一、七六八員，駐綦江之一個大隊，以房屋不夠分配，擬暫不調回，原榮管處房屋，將來以第六大隊駐紮。

林次長指示：

軍官總隊學員畢業後之用途與出路，人事處應即預為計劃。

軍需署陳署長報告

頃往西北參加補給會議，謹將會議中研討要案，提出報告：

（一）實物補給之實施：此為本部之既定政策，各方亦均能認識其重要性而予以竭誠之擁護，惟對實施辦法，尚有所商榷，經提出三項如下：

　　1. 後勤方面須能絕對掌握交通工具，自行運輸補給。此項辦法自較合乎理想，惟不易辦到。

　　2. 由地方政府代為採購轉發部隊。此項辦法缺點太多。

　　3. 在部隊中成立採購機構，自行就地採購補給。此項辦法較能切合實際。

　　三項辦法中，依據過去經驗，自以第三辦法較易推行，且與實物補給之原旨亦無違背。擬以第三辦法為主，同時採用第一辦法，如蒙採納，則問題重心即在採購機構之組織與其指揮系統而已，其次為物品價格，均主張必須限價，不然則無法負擔。

（二）核實補給問題：此項問題極關重要，人馬數字如

不能核實，則無法辦理實物補給，故會議中僉
主張即行成立點驗組，先清查人馬確數。目前
辦理此事，自不無困難，然必須確實做到，補
給始能有基準。此項點驗組係臨時性質，至平
時對於人馬數目之查報，已規定由政工及經理
人員負責。

（三）冬服材料之配發與運費：冬服材料亦須俟人數
核實後始易配發，目前為適應急需，已在配發
中。運費鉅大，頗成問題，現一、五、八戰區
已開始運輸，將來只好實報實銷。

林次長指示：

1. 實物補給辦法，第一項發足定量，第二項把握時機。
故如能自行就地採購，當較便利。惟採購機構必須
參加地方人士，既有人證實，復便於限價。至於此
項機構之隸屬，似應歸後勤方面為宜。其主官應由
各單位之副主官兼任。

2. 人馬數字核實，純為技術問題，故「採購辦法」與
「實物補給辦法」切須審慎從事，該兩項辦法可帶
往芷江，提交會議再行審查修改，總以能切合實際
為妥。點驗組可予成立。

供應局趙兼局長報告

重慶市區部隊之副食、馬乾實物補給，現各單位不願領
取實物，紛紛請領代金，惟曾奉部長指示凡請領代金者
須經核准始可。渝市部隊所請改發代金一節，是否可
行，請示。

林次長指示：

八月份仍暫照原辦法辦理，俟人馬核實與採購組成立後，再擇其必要者改發代金。

營造司黃司長報告

（一）頃接重慶市政府通知：部內正在興築之房屋，其沿街部份應縮進四公尺以便將來加寬馬路之用等語，惟本部門房已打好地基，加之現有之地皮太小，如再縮進，門房勢必犧牲，擬復俟將來加寬馬路時再行拆讓，目前仍照原計劃營造。

（二）通信兵司在南岸建築工廠，囑本司代為辦理。該工廠業已開標，本司以技術人員太少，不夠分配，擬仍由通信兵司自行督造。

林次長指示：

1. 可照復渝市政府。

2. 通信兵司工廠，由營造司與通信兵司洽辦。

軍醫署吳副署長報告

派赴新疆之軍醫，以無飛機，迄今未能啟程，可否改乘汽車前往。

林次長指示：

軍醫可改乘汽車赴新。

會計處李會計長報告

（一）本部本年八至十二月份軍費預算數，經行政院核定並已以部令轉飭知照在案，詳細預算請即參照各單位本身之業務計劃列具，於八月六日前送部彙編。編造預算時請注意以下二點：

1. 八月份以前各事業專款之超支預支款項，統
在此項經費內扣發。

2. 各事業經管單位應就各該管事業統籌分配，將
來既不能增列臨時預算，亦不能追加預算。

（二）卅五年度收支概算，奉院令關於軍費部份須於
八月十五日前呈院，本處擬於八月八日召開編造
會議，請各單位速訂施政計劃，以便編造預算。

三、檢討上次部務會報紀錄

四、主席指示

（一）本年下半年本部經費已奉行政院核定為四千億
（包括盟軍所需經費），各署處希即依照規定
數額擬具詳細預算於本月六日（下星期一）送
部彙轉。此次預算較以前緊縮，各單位自宜按
照業務計劃，周詳運用，使每一開支均能獲其
實效。不得超支，亦不必過於節省，空使經費
結餘，無以達成任務。明年度預算，不必草率
完成，須先確定施政方針，依方針訂計劃，然
後開列預算，此種預算始有價值。

（二）各署處送致美軍方面之備忘錄，以字號分散，不
易查案，希各將所有送出備忘錄之字號，抄繕
一份送部備查。

（三）現各方紛紛請領彈藥，本部雖已有準備，但無法
運出。後勤總部對各單位已有彈藥數目希予檢
討，察其緩急，設法運送。

五、散會

第二十六次部務會報紀錄

時　　間：八月十一日上午九時
地　　點：本部會議廳
出席人員：詳簽到簿
主　　席：林次長
紀　　錄：黃超人

一、開會如儀

二、報告事項

衛戍總部郝參謀長報告

（一）前於江水暴漲中撈獲之汽油多桶，美軍總部已
　　　派人洽領，全部發還。

（二）昨晚傳日本對我投降，市民興奮過度，澈夜狂
　　　歡，已飭警衛部隊，注意防止越軌行動，惟態
　　　度仍須和平。

軍需署趙副署長報告

（一）本年下半年軍費預算，已照核定四千餘億之標
　　　準編就，本可即行呈院，惟目前時局已有重大
　　　變遷，原訂款項恐有變動，擬請召集會議再行
　　　討論。

（二）目前尚未能照新預算領款，各單位經費仍擬暫
　　　照舊有數目發給。

（三）東南區經費計共一〇九億未能運出，請郝參謀
　　　長繼續交涉空運噸位。

林次長指示：

預算仍照原定數目呈報，將來如有增減，可再行呈請。

各單位經費在新預算款項未領到前，暫仍照舊發給。

營造司黃司長報告

（一）時局既有變動，營造計劃亦須變更，惟脫水工場
　　　等現已開工，是否仍繼續原計劃執行，請示。

（二）已批准之工程經費，仍否發給，請示。

林次長指示：

渝市一師之營房仍照原計劃進行，警衛旅營房照修，

惟其他工廠倉庫等由各主管署司視其有無永久性研究

確定。

三、檢討上次部務會報紀錄

四、散會

第二十七次部務會報紀錄

時　　間：八月十八日上午九時
地　　點：本部會議廳
出席人員：詳簽到簿
主　　席：部長
紀　　錄：唐道五

一、開會如儀

二、報告事項

軍需署陳署長報告

（一）東北及華北區各部隊被服供應問題，東北有三個
　　　軍，華北有五個軍，可否先趕製華北三個軍被
　　　服，東北暫緩。

部長指示：東北區部隊服裝仍應趕緊準備。

（二）東南及西南各部隊服裝供應原則已有變動，經費
　　　預算是否重編。

部長指示：重編預算。

（三）第十軍請發新給與案。

部長指示：第十軍照實有人數發給新給與。

三、部長指示事項

（一）本年下半年四千餘億元預算，應重新研究，不能
　　　一律照八折預算，例如兵役部停止徵兵自應減
　　　少，收復區反正部隊俘虜給養特別開支，應加

入預算，軍需署詳密計劃重編預算。

（二）軍委會職員眷屬還都辦法，由總務廳切實籌劃。

（三）軍人待遇照文官規定標準，軍需署即按此原則，
　　　請增加預算。

（四）未改編各種部隊仍照舊給與，已改編完竣者照新
　　　給與發給。

（五）新成立各單位應先儘量調用本部人員，或軍官總
　　　隊人員為原則，人事處應予注意。

四、散會

第二十八次部務會報紀錄

時　　間：八月二十五日上午九時
地　　點：軍委會大禮堂
出席人員：詳簽到簿
主　　席：部長
紀　　錄：唐道五

一、開會如儀

二、報告事項

邵特派員報告

（一）越南非中國領土，此次入越人員，首要注意越
　　　人情感之融洽，法幣折合越幣似以不讓越人喫
　　　虧為是，購買越米，作價亦應公允。

（二）接收敵偽在越南之物資，擬與中央派赴越南各
　　　單位協同辦理，至於部隊補給，則擬儘量利用
　　　原有人員及兵站機構協同負責。

（三）曲靖所存通訊器材，美軍曾因借用未遂，發生
　　　誤會，因此本人與白雨生司令聯名電部擬請酌
　　　予通融。

通信兵司司長答復：

曲靖通信器材早已決定用途，因為運輸困難，迄未
起運，暫存該地，此案已有備忘錄送交美軍總部予
以說明。

部長指示：

1. 法幣折合越幣問題，由財政部洽辦，購買越米，歸糧食部主持，本部協助。

2. 接收敵方在越南之物資可與中央派駐越南各單位協同辦理，人員不足時，可儘量利用兵站機構，運用原有人員。

　　將來本部可派遣一部編餘人員及傷殘官兵，擔任保管各地物資倉庫之任務。

3. 昆明所存物資器材，後勤總部應趕緊起運，以供調至長江下游及華北各部隊之需。

林次長報告

（一）陸軍總司令部吉普車二百餘輛，原擬編隊，現決定不編，可分配各高級軍事機關使用，由交輜司計劃分配。

（二）昆明中美購馬組，應予撤銷，由馬政司辦。

（三）雲南榮管處應予撤銷，由軍醫署辦。

（四）昆明軍醫分校應予取銷。由軍醫署辦。

（五）加拿大二八二輛炮車，現存戰運局數十輛，聞已使用，由兵工署、軍務署向該局交涉提歸本部。

部長指示：

1. 通知戰運局，加拿大租借法案內之砲車，移歸本部接收。

2. 兵工署、軍務署與邵主任百昌先將砲車二八二輛查明簽報轉呈委座核示。

3. 交輜司、炮兵司速會同計劃該項炮車之用途。

三、散會

第二十九次部務會報紀錄

時　　間：九月一日上午九時
地　　點：本部會議廳
出席人員：詳簽到簿
主　　席：部長
紀　　錄：黃超人

一、開會如儀

二、報告事項

林次長報告

（一）本部二十五年度施政綱要已交各署處審查，希速
　　　將審查意見提出，以便早日核定，作本部編造
　　　三十五年度預算之張本，切勿稽延，致礙預算
　　　之編造為要。

（二）本部應提聯合業務會報之案件，希各署處室事先
　　　妥為準備，以便於下星期一開會時提出。

編練總監部張參謀長報告

（一）青年軍各師馬匹照編制，每師須一六二匹，現只
　　　發代馬輪卒經費，請按編制數補足馬匹。

（二）再各師輜重連所需汽車亦請補足。

軍務署方署長答復：

購馬現已停止，馬匹補充須待接收敵偽馬匹後再行計劃
分配，汽車本部亦無存品，同須待接收以後始可補充。

林次長答復：

馬匹汽車將來均可補充，軍務署可將青年軍需要數目列

入於分配計劃中。

憲兵司令部湯參謀長報告

憲兵部隊還都計劃及任務分配情形（另詳書面報告）。

辦公室吳主任報告

新疆供應局劉局長雲瀚謂新疆運輸單價較低，希能比照
內地成例酌予加價或貼補。

部長指示：

1. 以後只准貼補不得加價。

2. 公家汽車決不能聽任私人營業。

3. 對於甘肅油礦局封油案，本部及液體燃料管理委員會
   應負責任，交輜司首宜檢查本部在手續與措施上有
   無毛病同過失，此案詳情及有關之各項問題，希速
   查明報核。

營造司黃司長報告

（一）軍產營產之保管已擬訂具體計劃，惟保管人選請
　　　人事處特加注意，保管員之階級亦希酌予提高。

（二）渝市一師之營房已準備就緒，以徵收基地問題行
　　　政院尚未決定，故遲遲未能著手。

部長指示：

1. 軍產營產之保管人員以傷殘官兵為宜，公私產業尤須
   分別清楚。

2. 渝市一師之營房，可盡量利用現有營房，其已破爛者
   加以整理，如青年軍總監部遷移後稍加修整，即可
   駐紮一個團。

3. 渝市現有之零碎營房不堪使用者可予拆除，將其材料
   集中修蓋適當房屋。

4. 修建房屋須注意防鼠，地下層多鋪碎沙，則老鼠不能挖洞繁殖其間。

三、檢討上次部務會報紀錄

（一）越南購米案中美會報中已有決定，現金購米問題，財政部尚無具體辦法。

（二）加拿大砲車二八二輛待邵主任查明簽報後再轉呈委座。

四、部長指示事項

（一）應留川、康、滇、黔各省之部隊及其所需物品，可即於此時計算籌劃，以期樹立良好之基礎，其餘物品速予清理，應報廢者報廢，可變賣者呈報變賣。

（二）以後建築營房須有全般計劃，但第一要有先公後私之精神，即先建築兵房及職員住宅，最後再建最高級人員之公邸；第二項，須注意堅固與耐久。

（三）美軍總部將來結束時，如向本部移交，昆明方面由邵主任百昌、白司令雨生、梁教育長華盛分別接收，屬空軍者由空軍派人接收，重慶方面，本部各單位亦可先行準備，至昆明方面所接收之物品，必要者可先運瀘州。

（四）伍十萬份質料較好之服裝須速為準備，帽與鈕扣均採用空軍式樣，皮鞋可向巴西訂製壹百萬雙。

五、散會

第三十次部務會報紀錄

時　　間：九月八日上午九時

地　　點：本部會議廳

出席人員：詳簽到簿

主　　席：部長

紀　　錄：黃超人

一、開會如儀

二、報告事項

編練總監部張參謀長報告

（一）本部軍米，駐川糧秣處指向兜子背倉庫提領，現
在常有接濟不上之現象，擬請轉飭該處加緊運
輸，以免中斷。

（二）近數月來該庫米質特別惡劣，請飭改良。

（三）剩餘之米，規定以每斤十元之價繳回，但各部以
代價過低，以致所有剩餘，多向民間變賣補助
伙食，而職員中眷屬過多者，轉向市場高價購
進。此種現象，殊不合理，今後可否照眷糧代
金數目收回部隊剩餘之米，以之轉售於職員中
眷屬人口較多者。

（四）各師手提機槍均無彈夾帶，彈藥無法攜帶，教練
亦不方便，請迅予配發。

（五）二○四師積存空彈殼七十餘萬顆，擬繳存八十九
軍械庫，本部及該庫亦已奉到命令，但仍拒不

接收。

（六）青年軍業已奉諭準備出發，所有營房營具請營造
司速派營房保管人員，分別接收。

（七）配屬各師之電影放映隊，及巡迴戲劇隊，所需汽
油為數甚大（據萬縣二〇四師報告，巡迴放映
一次，需油七〇餘加侖），各師油料有限，不
敷應用，擬請加發。

糧秣司黃司長答復：

1. 糧食不能接濟之原因，係因目前水大，船運困難，
一俟江水稍退即無問題。

2. 八、九、十，三個月向稱為掃倉期間，民間多將壞
米繳出，過此當可改善。

3. 餘米繳價，不能變更。

軍械司陳司長答復：

1. 手提機槍用彈夾後向不發彈帶，但以軍械司曾製少
數，如需要可發給。

2. 彈殼仍由八十九軍械庫接收。

後勤總部郗參謀長答復：

汽油不敷，請查明列表送後勤總部核辦。

林次長答復：

1. 軍糧補給不能中斷，糧秣司應督促速運。

2. 兜子背倉庫，以壞米補給，應查究，不能以掃倉等
語相搪塞。

3. 對於米質改良，及運輸情形，糧秣司應將辦理經
過，於下次會報中提出報告。

4. 糧秣司發糧，各處人數應與軍務署所列人數表核

對，照軍務署所列之實有人數發給。

5. 青年軍營房營具之接收，營造司須先作準備。

6. 汽油切須節省，如放映隊銷耗太大，可以減少放映次數。

軍務署方署長報告

軍委會辦公廳常有將各單位編制擴大之情事，經以次長名義，函請賀主任轉飭注意，茲准函復謂會屬各部處所有擴大編制案件，均經本部同意，並舉例說明。茲查所舉各例，多係會計處會稿，以後關於此類案件，請先通知本署或予拒絕，再則凡代表本部出席各種會議之人員，似只能聽取情形，不能代表本部而作表決。

林次長指示：

1. 以後凡屬增減編制一類案件，必先經軍務署核辦會稿。

2. 本部各單位派出部外列席各種會議之代表，其職權只限於業務上之接洽、聯繫與意見之交換，至於重要案件，必須回部請示，始能作最後之決定。

軍需署陳署長報告

謹將本年冬季服裝辦理情形分陳於後：

（一）本年冬季服裝補給，因戰事勝利，部隊多有調動，原訂配發計劃已不能使用，故須重訂，新計劃業已呈核。

（二）奉諭做質料較優之特種服裝50萬份，頃接趙副署長由京電告，南京已有45萬份卡機布服裝，此外生產局又在印度亦代辦卡機布多匹，只待運輸，此項特種服裝，諒無問題。

（三）皮鞋原擬在古巴訂製一百萬雙，現已電請先做50萬雙。

（四）華北五個軍及東北五個軍之特種防寒服裝，尚在調查辦理中。（詳情另具書面報告）

三、檢討上次部務會報紀錄

（一）渝市一師營房，不必再行建築，可盡量利用空出之營房。

（二）採購安南糧食問題，據蒙巴頓將軍電告，已交國際糧食管理處辦理。

（三）指示事項（二）「公邸」二字應改為「官邸」，同項「巴西」二字係「古巴」之誤。

四、部長指示事項

（一）西北獸醫學校，須迅予撤銷，以後馬政司對於獸醫制度及其教育方針，須擬訂計劃，重新創建，獸醫地位，酌予提高。

（二）今後軍需署對於被服廠之設置，不必過於零碎，只擇重要地點，設立規模較大之數廠即可。

（三）各單位之經費，會計處須不斷派人檢查，多餘款項，即須繳回，本部對財政部亦應如此，軍需署平時發款亦不能全憑編制，須按照其實有人數發給。

（四）墨西哥大使請參觀我國部隊，重慶附近只有第十四軍，可通知該軍準備。

（五）以後本部派人返京工作，不能新委人員，只就現

　　有工作人員中選派。

（六）還都準備，應早作計劃，可先去三分之一，俾至
　　　京後即可開始辦公。

五、散會

第三十一次部務會報紀錄

時　　間：九月十五日上午九時
地　　點：本部會議廳
出席人員：詳簽到簿
主　　席：部長
紀　　錄：黃超人

一、開會如儀

二、報告事項

編練總監部霍代總監報告

（一）208、209 兩師奉令開台灣，以後該兩師一切裝備運輸，應由台灣司令部負責，抑仍由總監部負責？

（二）青年軍各師缺乏運輸工具，擬請儘速撥補，再馱鞍欠缺，亦請予以補充。

（三）第六軍軍部業於本日成立，該部之直屬部隊，請予撥補。

軍務署方署長答復：

208、209 兩師開台灣係軍令部計劃，並未與本部會稿。

後勤總部郗參謀長答復：

中美會報中已決定該兩師並不即去台灣，暫集中福州待命。

林次長答復：

1. 208、209 兩師之裝備，先須請示部長核定。

2. 各師車輛，可按照編制設法予以撥補，交輜司注意。
   馱鞍可發給代金自製，但先須將式樣價格呈核。

3. 第六軍直屬部隊之撥補，本部對此另有整個計劃，
   待奉批准後，再行計議。

營造司黃司長意見：

青年軍所造營房之預算計算等尚未報部，請按照規定手
續清結報銷。

霍代總監答復：

照辦。

衛戍總部郝參謀長報告

渝市竊水問題，已按照規定之防止辦法實施，情況較前
進步，惟仍有少數不遵規定，本部已經常巡查，一經
發現即予拘捕。請各單位對於所部之雜役兵等亦予以
告誡。

軍務署方署長報告

在緊急辦公一個月期間內，值夜人員津貼校尉級及士兵
均已有規定，將級人員亦擬請規定數目，以資劃一。

林次長答復：

將級值夜人員，每人每次津貼八百元。

兵工署軍械司陳司長報告

今後軍械庫之設置須能配合供應區與軍區，關於供應區
及軍區之位置，請指示，以便草擬軍械庫之設置計劃。

後勤總部端木副總司令答復：

現部隊調動頻繁，阿爾發部隊業已分散各處，以其彈藥

第三十一次部務會報紀錄 | 145

種類特殊,請軍械司重新規劃補給辦法。

後勤總部郗參謀長答復:

軍械庫將來究宜於混合庫或分類庫,似須研究,擬與陳司長洽商辦理。

林次長指示:

此事極關重要,將來大量軍械運進後,必先囤儲,無論為時久暫,均須準備倉庫。軍械庫之位置,與交通線及供應區均有密切關係,大庫可設於供應區,小庫可按軍區分設,須依此原則擬具計劃。

會計處李會計長報告

三十五年度軍費預算即須送出,請各單位迅予交處彙編。

後勤總部郗參謀長報告

昆明美軍供應處,應交後勤總部接收之物資,業已組織委員會辦理,惟非全部均為兵站物資,經簽奉批准,著有關各司均派人參加以便分別接收,而利工作。

林次長答復:

昆明接收物資,有關各單位可派專門人員參加。軍務、軍醫兩署尤請注意。

兵工署製造司鄭司長報告

陳述兵工經費困難情形,以致各工廠近來進退維谷。

三、檢討上次部務會報紀錄

軍械司陳司長申明二項4條紀錄應改為:「手提機槍,美軍本來只用彈夾,不發彈帶,軍械司為應我軍需要,近曾籌製少數彈帶,一俟製成,再行發給。」

四、部長宣讀委座手令（全體肅立）

五、部長指示事項

（一）關於一般軍費及兵工經費之困難情形，可列表並
　　　開具節略呈核。以茲簽呈委座。

（二）薪餉問題，遵照文武一致之原則，可再簽請委座
　　　核辦。

（三）編餘軍官薪津須十成發給，未發足者，即行查
　　　補。收容失業之軍官，可按八成發給。

（四）明年度各種給與，須重新檢討，自元旦日起，副
　　　食、馬乾一律發給現品。

（五）對於技術工人待遇，可參照湖北辦法，照公務人
　　　員同等給與，外加年終加俸與技術津貼二種。
　　　應即實施。

（六）軍事上之最高原則，為「自主自立」，美軍精神
　　　允宜效法，但須融匯貫通，更求進步。

（七）軍醫不可自分派系，須兼收並蓄，始盡眾美，希
　　　切實注意，無損博大之精神。

（八）一切事只要能秉公處理，自可不畏人言，許多事
　　　自有其時間上之機密性，但對該項業務有關之
　　　人士，不可密而不告，以免脫節。

（九）戰後對於官兵之復員授業，委座已指示原則，
　　　惟此中最重要者實為交通問題，必先求交通問
　　　題之解決，然後始能言其他，今後可以發展交
　　　通為安置官兵之基本辦法。軍務署先擇重要鐵
　　　路線速予計劃興築，實現先總理之兵工政策。

（十）明年度本部施政方針已核閱，可加：

    1. 偽軍、游擊隊及雜軍之處置。

    2. 兵工政策之實施。

（十一）對於各軍區之人選，宜特加注意，須年富
力強，奠立良好基礎，東北各軍區，可先行
決定。

（十二）軍委會內各零星房屋，將來應予拆除，集合
材料建築一適用並永久性之倉庫於重慶。

六、散會

第三十二次部務會報紀錄

時　　間：九月二十二日上午九時

地　　點：本部會議廳

出席人員：詳簽到簿

主　　席：林次長

一、開會如儀

二、報告事項

憲兵司令部湯參謀長報告

（一）開立煌憲兵二團，幹部已於本星期二乘機出發，
　　　其餘乘輪東下。

（二）第一大隊乘民權輪，約已到京，第二大隊日內出
　　　發，第九團明後日亦可成行。

端木副總司令報告

（一）還都事宜，奉令暫緩辦理，完全著重收復工作，
　　　現航運會控制各船，均已租定，以應部隊運
　　　輸，但大船東下後，水枯不能返渝，川江運輸
　　　力量行將大減，請各位注意。又各署司所需要
　　　船位，請先呈部次長核交後勤部辦理為要。

（二）關於接收美方移交物資，前已通知各主管單位，
　　　請即派出工作人員，茲仍請迅速準備，汽車接
　　　收辦法，已於中美會報中最後決定，照部長前
　　　所指示辦理，請交輜司特別注意。

（三）補給制度改為供應制度，已訂初稿，部長前已指

示採取美國後勤制度，請俞次長主持研究，各署司先行準備，茲軍令部第二廳所譯「美國後勤制度」一書可資參考。

林次長答復：

以後各署司派赴參加收復工作人員，可先開單送總務廳彙總，轉後勤部核辦。

軍醫署吳副署長報告

（一）本年第二十九次部務會報部長指示事項，關於「軍產營產之保管，以傷殘官兵為宜」，本署已擬具表格，請各單位就所屬各地營房管理機構及各種倉庫編制人數填明示復，以便統籌分配安置，請各單位迅予辦理。

（二）本署所屬各榮軍管教單位之主副食，請由附近之補給機構負責補給，俾免匱乏，駐桐梓榮軍最近主副食情形十分嚴重。

糧秣司黃司長答復：

過去副食，係統籌辦理，層層轉發，較為迂緩，主食則因運輸困難，亦不免間有缺乏，桐梓榮軍，可先發貸金，以濟急需。

林次長指示：

1. 軍產營產之保管，由營造司主辦，先行統計，預計需人若干，再通知軍醫署派遣，並可先由川、黔、滇三省做起。

2. 傷殘官兵之主副食，由糧秣司迅速設法，桐梓方面，可由重慶洽商美軍車運送濟急。

3. 西南補給區須加調整。

軍需署陳署長報告

各部隊機關學校勝利獎金，均已發領，軍需工廠待遇，
與陸軍不同，可否援例發一個月薪金，惟亦有不盡平允
之處，其比照標準請決定。

兵工署製造司鄭司長報告

兵工廠工人待遇，共分「特、一、二、三、四」五級，
特級工人之工資相當於上中尉，請頒勝利獎金辦法，正
擬具中，但一般工人無軍人身份，比較困難，似又不能
按照薪餉發給。

林次長指示：

明日上午九時在本部會議廳，由兵工署召集有關各單位
檢討會商。

財務司孫司長報告

西北補給區經費，因運輸問題，現猶停積漢中，致西
安、蘭州無法取得接濟，下次擬運西安。

軍需署陳署長報告

各補給區主持人，對於轄區內業務，應完全明瞭，以資
運用敏活，現尚未能辦到。

林次長指示：

補給區成立伊始尚未建全，加上部隊亦大，其缺點應隨
事隨時改進。

兵工署製造司鄭司長報告

第一交輜器材製造廠，奉令撥兵工署改組為汽車製造
廠，接收以來，經費短絀雖力加緊縮，仍難維持，現解
決途徑有三：

1. 請交輜司將所需配件統交該廠製造，月給製造費五千

萬元左右，始足維持。

2. 撥還交輜司經理。

3. 該廠停辦。

交輜司王司長答復：

1. 該廠經費困難之關鍵，在經常費而非製造費，即加配零件本司亦無如此鉅額製造經費。

2. 交輜司無力重行接管該廠。

林次長指示：

此廠無法維持，擬具建議三點：

1. 加經費；

2. 撥還交輜司；

3. 撤銷；

呈部長解決。

會計處李會計長報告

（一）三十五年度預算，請各單位趕速送齊。

（二）財務機構併入會計業務一案，已奉委座訓令，並已轉知各單位。

林次長指示：

預算應限期送齊。

軍官總隊曹大隊長報告

（一）過期未報到之學員，可否開除，請示。

（二）請成立第五大隊。

（三）第五大隊房屋擬向幹部學校通信大隊商借。

人事處陳處長答復：

1. 不到者似應除名。

2. 幹校通訊大隊房屋已交還社會部，可轉向社會部

交涉。

林次長指示：

照辦。

部長辦公室吳主任報告

此後各單位辦理法律案件，應會辦公室調查組，免失聯繫。

三、檢討上次部務會報紀錄

林次長指示：

（一）二項一條（一）款，208、209兩師之裝備，業經部長核定，如何裝備由軍械司研究。

（二）二項一條（三）款，青年軍六個師，並不參加作戰，如總監部改為總司令部，便可直接指揮各師，似不必再成立軍司令部。

（三）五項（一）條，一般軍費及兵工經費困難情形，行政院已函約討論。

（四）五項（二）條：薪餉問題，行政院秘書處函稱現在研究中。

（五）五項（三）條，編餘軍官薪餉，九月份起，十足發給，同時須修改安置辦法及給與規則。

（六）五項（四）（五）兩條，均為薪餉制度問題，過去因物價影響，變動太多，似嫌雜亂，今後如何規定，本部各有關單位應共同研究，並以海陸空軍同等待遇為原則。

製造司鄭司長聲明二項末條紀錄，應改為「陳述兵工經費困難情形，請示以後進行方針」。

四、主席指示事項

（一）此後關於部隊復員授業，問題繁重，必須有一專
　　　管組織，主管其事，茲擬有二案，希軍務署研
　　　究辦理。

　　　1. 成立編餘官兵安置研究小組，專事安置轉業
　　　　有關諸問題之研究，與方案之成立。

　　　2. 或在軍務署內另組一動員科。

（二）依據補給區與軍區之制度，各主管部門考慮此後
　　　糧服、裝具、兵器、衛生、交通、通信等之各
　　　工廠、各倉庫、各學校遷移設置諸計劃，慎訂
　　　方案，逐步實施。

五、散會

第三十三次部務會報紀錄

時　　間：九月二十九日上午九時
地　　點：本部會議廳
出席人員：詳簽到簿
主　　席：林次長
紀　　錄：周一凱

一、開會如儀

二、報告事項

憲兵司令部湯參謀長報告

（一）立煌憲兵兩團，擬向津浦線附近移動，集中訓
　　　練，可否，請示。

（二）準備調台灣憲兵，現集中福州，得陳長官代電，
　　　請閩省府備木船運送，職部鑒於颱風危險，已
　　　覆請另派汽船。

（三）陳長官直飛台灣，囑派憲兵隨機護送，擬請發給
　　　該項憲兵手槍三分之一，步槍三分之二。

軍械司陳司長答復：

已奉批准。

（四）昆明下關憲兵第二十團，原來預定調赴青島，所
　　　遺防務，以獨立二、三兩營接管，嗣奉總長何
　　　指示第二十團暫緩移動，獨立二、三兩營現亦
　　　改調赴滬。

第十四軍余軍長報告

（一）關於外間所傳十四軍經理弊端情形，擬請派人澈查，以明真相。

（二）十四軍內部紀律現正積極整頓中。

軍官總隊代表曹主任報告

（一）請補發第五大隊夏季服裝。

（二）請繼續成立第六大隊。

林次長指示：

1. 編餘人員在原屬部隊或機關未領夏季服裝者，應予發給。

2. 失業人員九月一日以前報到者應發，九月一日以後報到者不發夏服。

兵工署製造司鄭司長報告

（一）各工廠工人勝利獎金案，業經各有關單位會議決定其原則及辦法如下：

　　1. 不得比士兵高。

　　2. 等級差額不得懸殊。

　　3. 分領工、技工、小工三等級發領。

　　4. 獎金擬暫在事業費項下開支，不敷時，另行請示辦理。

（二）派赴東北接收各兵工廠費用，現在尚未確定，擬請速定辦法，由軍需署統籌。

財務司孫司長答復：

1. 各單位派出接收人員，統由各單位墊發本年薪津。

2. 旅費可在特派員辦事處業務費內支領。

林次長指示：

派赴東北人員費用，正商擬用當地貨幣，其詳情須待財部與行營另行規定。

財務司孫司長報告

（一）關於各單位人員勝利獎金之有無，其標準擬定如下：

　　1. 凡九月三日（規定勝利紀念日）以前到差者，一律發給，三日以後到差者不發。

　　2. 凡九月十八日以前正式編遣者不發，十九日以後編遣者一律發給。

（二）受傷人員勝利獎金，原係規定加倍發給，各以傷票為憑，但傷票遺失者，如何證明，請軍醫署書面答復。

（三）中國陸軍總司令部所屬之集訓總處，現有五個軍官總隊，但其主持人員本部有案可稽者，只有兩隊，其餘三個隊本部送款交款無所適從，頗有困難，如何辦理，請示。

（四）明春如實施退伍退役，問題繁複，似應先加研究。

林次長指示：

1. 中國陸軍總部五個軍官總隊，就其主持人有案可稽之兩隊，先行送款。

2. 退伍金係一次發清，年金可採用銀行存摺等辦法，亦易辦理，似應由銓敍廳主辦研究。

總務廳錢廳長報告

（一）本部空運審查小組經辦案件（詳表），業已先後

核轉，今後業務尚應與交通部切取聯繫。

（二）連日軍運輪船東下，曾會同辦公廳第二組及有關
　　　機關施行檢查，情形甚好。

林次長指示：

空運審查辦法，頗有條理，今後運輸優先為輸送東北及
台灣軍政人員。

軍醫署陳副署長報告

（一）軍醫人員裁編辦法，擬先加以考試甄選：

　　　1. 將淘汰人員，組為復員幹訓團，施以轉業
　　　　 訓練。

　　　2. 其餘人員，選擇一部分予以深造機會，在各
　　　　 醫學院附設軍醫班。

　　　3. 士兵資遣。

（二）收復區民營軍用醫藥廠甚多，關於接收經費及原
　　　有人員之錄用等項，請示辦法。

林次長指示：

視實際情形如何再定處理辦法。

三、檢討上次部務會報紀錄

林次長指示

（一）二項六條，汽車零件製造廠解決辦法仍須請示
　　　部長。

（二）三項（二）條，青年軍編制，部長業已報告委
　　　座，編為三軍，各軍部之直屬部隊，暫不編
　　　撥，總監部亦暫予保留。

（三）三項（六）條，薪餉制度問題，請法制處與有關

各單位研究方案。

（四）四項（一）條，部隊復員授業，可由本部參事
參議合組小組，速加研究。

（五）四項（二）條，軍區制度計劃，初稿已脫稿分
發各單位須加研討。

製造司鄭司長聲明，汽車零件製造廠解決辦法第2條文
句，應改為「撥還交輜司管理」。

會計處李會計長聲明，前次報告第（二）條第一句，應
改為「各業務機關財務部份所兼辦之會計業務，應劃歸
會計業務辦理一案」。

軍官總隊代表曹主任聲明，前次報告第（三）條應改為
「第五大隊隊址可否請將幹訓團通信大隊撥交社會部之
房屋留用」。

人事處陳處長聲明，前次答復應增第（二）條「第五大
隊擬准予成立」，並將第（二）條改為第三條，條文如
下：「幹訓團已將房屋交還社會部，可轉向社會部交涉
留用」。

四、主席指示事項

（一）本部各單位應將有關業務細加研究，納入軍區計
劃中。

（二）三十五年度工作計劃，希各單位速按施政方針綱
目一覽表，分別其創辦性及處理性項目，提出
計劃綱要與預算。

五、散會

第三十四次部務會報紀錄

時　　間：十月六日上午九時
地　　點：本部會議廳
出席人員：詳簽到簿
主　　席：部長
紀　　錄：周一凱

一、開會如儀

二、報告事項
憲兵司令部湯參謀長報告
（一）開南京憲兵，已有第九團、第十五團及兩個大隊
　　　到達，第十五團原由各戰區調集，械舊且雜，
　　　駐紮首都，觀瞻所繫，請易新槍。
（二）憲兵官長之冬服，擬請按照舊例發給呢料，以維
　　　觀瞻。
（三）熊主任式輝、蔣特派員經國前往東北，囑派憲兵
　　　軍官一人、士兵廿人隨行，所攜武器，可否比
　　　照隨赴台灣憲兵例，另行配發。
軍械司陳司長答復：
隨往東北憲兵可配發手提機槍二挺，駁殼槍四枝，手槍
一枝。
林次長指示：
憲兵第十五團領換槍械及憲兵官長發給呢料冬服兩案，
可備文送核。

軍官總隊代表曹主任報告

（一）軍官總隊十月一日突來軍官四、五百人，持畢業生調查處公文，要求予以收容，嗣經洽商人事處，已予收容一部份。

（二）軍官總隊房屋又成問題，擬在合川成立兩個大隊。

（三）失業軍人，份子複雜，紀律欠佳，此次竟有反對前去合川編隊之舉，且人數溢額四百餘名，以後擬請先由人事處予以審核，再行收容。

（四）軍官總隊部編制，原就收容四個大隊所規定，現在大隊增加，工作人員不敷，擬請稍加擴大。

林次長指示：

1. 此批失業軍人，可於合川集中予以審查，此後則須先加審核，方許收容。

2. 總隊部編制，可由軍務署審核，如大隊過多亦可分為兩個總隊，俾易管理，由軍務署核定可也。

兵工署製造司鄭司長報告

（一）汽車零件製造廠經費困難情形及解決辦法，已書面建議呈部長決定。

（二）奉令趕製新軍服肩章領章樣品，因所需鋼模，係用手工精細鐫刻，一週限期恐難完成，至於官兵所需全部肩章領章，數量甚鉅，製造尤難，明年元旦，恐亦不能如期製好。

（三）兵工署各廠工人勝利獎金總計八億九千七百廿五萬餘元，事業費項下無法籌墊，請予另撥。

部長指示：

1. 軍務署所屬各廠，須先明白性質，凡屬生產製造性質者，可改隸兵工署，屬於修理性質者，可改隸後勤總部，分別予以調整。

2. 汽車零件製造廠案，由軍務署、兵工署、後勤總部會商解決，該廠預算不敷，亦可追加重造。

3. 肩章領章仍應趕製。

軍需署儲備司莊司長報告

（一）新軍服已定做兩套樣品呈核。

（二）官兵帽章式樣相同，惟官佐帽章係用法瑯，士兵帽章係用噴漆。

（三）軍人制服式樣品質，既經法定，不容參差，理應全由本部縫製，至商營軍服店，若不取締，亦應前來本部登記，遵照規章以資劃一。

林次長意見：

軍服式樣規定清楚，由指定各廠店承製可也。

部長指示：

1. 新式軍服及帽章，明年元旦以前，必須趕製完成。

2. 帽章不必定用金屬，酌用線繡亦可，儲備司再加研究。

後勤總部端木副總司令報告

（一）美軍總部已定下星期六日遷滬，其所轄各處，只留少數人員在渝，各單位應洽事項，請速辦理，美軍物品已陸續移交，雖由白雨生司令負責，但各單位主管事宜，仍須各自加緊進行。

（二）台灣區補給問題，大體業已決定，部隊進入後，

困難尚少。

（三）接收東北部隊現由海陸空三路輸送，海運分由九
龍、海防啟程，到大連登陸以後，給養恐成問
題，已商由糧食部撥米五萬包在上海裝船，冬
服亦在滬發給，其餘陸空輸送部隊到東北後，
給養恐亦困難，目前東北詳情尚不得知，將來
工作諒必艱鉅，請各單位各就主管業務，預行
研究，將來派出人員更須準備健全。

部長指示：

1. 海運東北部隊冬服及鞋襪均在上海發給，頃陳署長由
京來電，可能如數辦到。

2. 開往東北部隊之補給，現在之兵站絕不能負此責任，
應加強特派員辦事處組織，並由後勤總部軍需署準
備幹練人才。

3. 關於東北貨幣使用問題，本人已同意熊主任辦法，但
部隊到達以前，必須有相當準備。又其官兵餉制應
酌予調整，薪餉等差，力予減小，將級差額似不得
超百元，校尉級差額只可在三十至五十元之間，士
兵相差以十元至廿元為度，軍需署本此原則，擬訂
方案送核。

三、檢討上次部務會報紀錄

製造司鄭司長聲明，關於工人勝利獎金全案報告，第
（一）條第二句，應改為「業經各有關單位會議決
議，並請部次長批准」，又同條第3款「三等」下應增
「九」字，第4款應更改如下：「獎金於事業費項下無

法開支時，另行簽請撥款」。

四、部長指示事項

（一）文武待遇不同，總覺有乖國家體制，應再簽呈委座更改劃一，現在國家財政之困難，癥結不在國庫收支之平衡與否，而在致力安定社會之經濟，毋使波動太大，如物資生產與分配有進步，則物價自低，所有待遇，自可縮減，國庫收支自然趨於平衡，倘不在經濟財政政策上著力，而惟緊縮預算是務，捨本逐末，困難仍難解決。

（二）本部卅五年度預算待整個整軍問題解決，再行商定，現在須呈請委座決定明年本部應辦事業，根據事業釐訂實施計劃，造出預算。預算既定，如須緊縮省錢，須先省事，不可籠統扣減經費數目，以至百廢皆舉，一事無成，總之，事業與經費應相配合，希各單位各就主管業務詳加研究，軍務署計劃整軍方案，兵工署計劃兵工建設，軍需署及後勤總部研討官兵生活，務使合理，各將現有任務及最後目的納入計劃，見諸預算，方為合理。

五、散會

第三十五次部務會報紀錄

時　　間：十月十三日上午九時

地　　點：本部會議廳

出席人員：詳簽到簿

主　　席：部長

紀　　錄：周一凱

一、開會如儀

二、報告事項

總務廳錢廳長報告

各單位選派三分之一人員赴京工作，似可洽乘該輪，但由何人率領，請示。

林次長指示：

去京工作人員以兵工、軍需、後勤、總務四單位較為重要，即由軍務署周副署長率領可也。

李會計長報告

（一）去收復區旅費係照現行規定再加一半為標準。

（二）公物運費每百公斤以二萬元計算。

（三）乘船係公費抑發款購票。

林次長指示：

均係公費乘船。

軍需署陳署長報告

（一）開大連、台灣、日本部隊，服裝均在上海準
　　　備，已派人赴滬籌辦。

（二）日本政府請以原薪待遇日俘，將來由日政府償
還，曾以備忘錄徵詢美方意見，美方表示送還日
本本土俘虜不成問題，其他美方集中營，日俘係
照原給與待遇云云，我國如何辦理，請示。

（三）今年下半年預算經與財部洽商，除空軍外決定
為三千七百七十七億元。

林次長指示：

投降日俘另定一種給與簽呈委座核定，標準不宜高於我
國官兵。

三、檢討上次部務會報紀錄

儲備司莊司長聲明上次報告第三條應更改如下：「軍人
制服式樣品質既經法定，不容參差，除由本部各被服廠
縫製外，至商營軍服店亦由本部辦理登記，此後須遵照
規章縫製軍服，否則取締。」

四、繼開第一次補給會議後散會

第三十六次部務會報紀錄

時　　間：十一月三日上午九時
地　　點：本部會議廳
出席人員：詳簽到簿
主　　席：次長林
紀　　錄：周一凱

一、開會如儀

二、檢討後勤第三次大會紀錄（由紀錄員宣讀）
主席指示
此次後勤會議，各項意見頗為重要，將來制擬有關方案，多可採擇。現軍區第三處職掌，已由軍務署修正，實物補給實施辦法，希望貫澈，期能收效。

三、主席指示事項
（一）頃接昆明白司令雨生來電云，昆明附近中央軍事機關大小尚有三百餘單位，應由軍務署核辦，積極清理。
（二）昆明關總司令麟徵呈請於警備司令部內成軍法機構，上海警備司令部已有成例，可予成立，軍務署辦理。
（三）戰車第三營開赴武漢，已到長沙，卡車無人接管。交輜兵司速辦。
（四）越南邵特派員百昌來函報告越北近況，有關各

主管單位，望分別接洽辦理。

甲、軍需署方面：

　　1. 金融：法幣因不能兌換，致成貶值，物價上漲不已，盧司令官、顧問團呈請行政院即商法方，每月由河內東方匯理銀行借越幣一萬萬八千萬，此事若獲成功，十一月份主副食各項費用，庶可支應維持。

指示：此點由財務司詢財政部。

　　2. 糧秣：糧秣雖由糧食部主辦，但迄無具體辦法。擬派員赴西貢、土倫、海防等處採購。惟土倫產量甚微。海防每百公斤價伍百餘越幣。法方西貢缺煤，擬派二千五百噸輪一艘，以米易煤，當商得盧司令官同意。惟我方每日須糧五千噸至萬噸，困難仍不易解決。再盧司令官簽呈委座請撥輪船萬噸，此事聞須由麥克阿瑟將軍分配。如以上辦法不能按期得糧，即擬動用日軍所繳庫存糧食，但恐難敷一月之用。

　　3. 副食：副食補給現品，一因保存不易，一因大量採購困難，十一月份擬仍發代金。

指示：2、3兩款，軍需署洽辦。

　　4. 馬糧：越南接收軍馬一萬一千匹，除補充六十軍外，尚餘甚多。馬糧係以穀代豆，在米糧內計算。擬請由河內車運馬匹至鎮南關，轉各部隊應用。

指示：先發駐兩廣各軍，軍務署辦理。

5. 經費：十一月份主食費，今午送到十萬
萬。嗣後各項經費，懇提前一月撥給。刻
離越各軍車馬及病兵，均不能帶走。此項
經費為數甚大，擬懇准予挪用糧款。

指示：財務司辦理。

乙、軍務署方面：

1. 運輸：日軍所繳大小車輛及油料，均由第
一方面軍司令部接收，迄未交出，致影響
兵站運輸業務。

指示：應令遵照規定交出。

2. 編制：前呈編制，迄未奉批。擬懇早日頒
佈，以便增人員。後勤部迄無人來，請飭
照即日派各處主辦人員來越。

指示：編制照准可也，並知照後勤總部。

丙、聯絡組方面：

海防區第一方面軍及本處會同派員點收，
不日即可結束。至河內、順化各區，接收
物資部隊方始完竣，確數擬於接收完畢，
列表詳呈。

法軍恐不久即將入據中圻，擬將順化區接
收物資，即用火車載運河內附近，因交通
破壞，約需二月以上運畢。

指示：物資可利用接收汽車百餘輛轉運國境。

丁、軍醫署方面：

1. 第一期兵站入越，因藥品、人員兩缺，不
能負起任務，經與美、法、越各方洽商，

得善後救濟總署撥到藥品噸餘。傷兵就日軍醫院收容。惟治療人數，當在二千以上，人員、藥品均感不足。已電白司令急派16衛生大隊、22後方醫院到越南，並懇飭少將參議關健安率領軍醫四、五人赳日飛來。

人事處陳處長報告：

關參議業已啟行。

2. 設置醫院之設備費用已飭兵站擬具預算，由本處審核墊發，請准備案。

指示：軍需署會計處核辦。

（五）關於遺族口糧問題，經最高幕僚會議決定，折發貸金，並折衷全國平均糧價，連同卹金一併發給。糧秣司確查全國平均糧價，洽商撫卹委員會認真辦理。

（六）遺族之優待辦法，與抗戰以來死亡與傷殘之人數，由軍醫署會同撫卹委員會檢討確定，於本月十日以前定出辦法，但必須能見諸實施者。

（七）本月初旬，各高級長官來渝開會，本部須準備報告書，規定由參事室起草，仿照上次部長在本會報告體例。至於各署廳處，則迅速檢定其主管業務內，今年所經過各項重要項目之數字，如各種新舊給與數字、死亡傷殘數字、編餘及分派數字，以及整軍數字（印成詳本）、收繳數字等。

其次，則為明年整軍建軍各項重要計劃。如整

軍建軍計劃、兵工計劃、軍需品計劃、通信交通衛生器材計劃、軍區計劃、營房計劃、馬政計劃、醫院計劃、後勤計劃，以及收繳物資分配原則、游擊部隊及偽軍處理原則等等，均須扼要準備健全，由起草方面彙總，各單位準備期間，最遲本月八日送齊，由部中總合整理，二日送出。

（八）報告書之緒言，照上委座簽呈詞旨，分三項：

甲、卅四年施政方針。

乙、卅四年成果。

丙、抗戰勝利後，卅五年之施政要旨與理由。

四、報告事項

後勤總部端木副總司令報告

（一）關於越南最近軍政情勢（奉諭不錄）。

（二）越幣問題，可洽商法方，由東方匯理銀行照印，其對關金折合率，並請主席於行政院會議提出討論。

（三）頃接白司令雨生電話報告三項：

1. 西南區副食費係發代金，實際有困難，請予解決。

2. 過去昆明由美人管理財務，照編制領經費，核實發給，故常有餘款。現部隊均已開出，經費時覺週轉不靈，十一月份餉款三十七億尚未收到，請財務司查匯。

3. 戰車第三營已開離湘西，因奉命倉卒，貨物

　　　　不及運送。戰車第七營幹部已去海防，四、
　　　　五、六營現開重慶。

軍需署財務司孫司長答復：

1. 關於越幣與關金折合率，原訂一‧五與一之比，現
關金已跌為越幣〇‧八元。財部對於越幣處理，本
有過渡辦法，即使東方匯理銀行照前比例收兌。如
此，則國軍在越除購糧款外，月有六千萬越幣即
夠，但法方意見，此項越幣擬請以美金匯率折合償
還，經外、財兩部幾經接洽，現尚未妥。故在越國
軍十二月餉款，仍須準備運送關金。

2. 西南補給區十一月餉款三十七億餘元早已匯出，過去
昆明為鈔票集中地，現情形有別，或許銀行因頭寸
短絀，致未通知，當即刻查催。

軍需署糧秣司黃司長答復：

查副秣費之規定，原屬一種發款計算標準，如有超出自
可實報實銷。西南區副秣費，因物價下跌，據西南補給
區司令部主管人員電話，部隊均願改領代金。故本部將
副食費改為三、六〇〇元，馬秣改為一〇、〇〇〇元。
今白司令乃以費額不敷，改發代金，殊與本部政策有
礙，擬由部去電糾正。

主席指示：

1. 越南情形，軍事處理與財政交涉應為兩事，現為收復
時期，先軍事處理為事理當然。現越幣與關金比率
折合，既未辦妥。十二月份越南國軍餉款，仍應準
備關金運送。

2. 白司令報告1、2兩節，請後勤總部電告實情。

編練總監部霍代總監報告

（一）青年軍各師士兵請發草墊，須款四百萬元左右，
　　　請予解決。

（二）婦女服務總隊部，可否保留至本年十二月結束，
　　　改隸抑予解散？

（三）本部原有高參二人、處長二人，均將官階級，請
　　　准於各軍軍部安插。

（四）各師教育器材如何補充？請示。

（五）本部原有特務營三連，現擬撥一連歸第九軍，其
　　　餘二連劃歸第六軍，或將其中一連改為工兵連
　　　亦可，請准予備案。

主席指示：

1. 青年軍情形較為特殊，關於發給草墊事，是否須簽
　 呈委座再事研究。

2. 婦女服務總隊部保留至十二月結束，歸中央訓練團
　 辦理。

3. 四將官派兩軍軍部服務，予以名義。

4. 教育器材，由軍訓部擬定，以後由軍訓、軍政兩部共
　 同負責。

5. 第六軍加一工兵連或一特務連，軍務署審核辦理。

衛戍總司令部郝參謀長報告

（一）十四軍軍長羅廣文準備明日到差。

（二）今年冬防，業於十一月一日開始，本人推測，今
　　　冬或比以往歷年情形嚴重，其理由有五：

　　　　1. 自特種刑事訴訟條例頒佈後，對於人民身體
　　　　　 自由之保障，有新規定，凡非軍人匪犯，均

移交法院處理。法院對於犯罪證據不足者，多予釋放。

2. 工人失業問題，相當嚴重。最近如無適當處置，此批失業工人，即易走入歧路。

3. 難民加多，麕集各處。現盜匪與難民勾結，已有發現。

4. 無職軍人之安置未妥亦易成問題。

5. 各機關對於雜兵服役，管理不嚴，近亦屢有滋擾事件。

本部對於治安，本為職責所在，社會秩序，自當力予維持。

憲兵司令部湯參謀長報告

（一）最近憲兵部隊調動情形，可以概述如下：

1. 台灣方面：第四團所調一營已到達。因台地秩序混亂，敵人憲兵有一萬六千人散居民間。我方人數不足，現擬加派第四團團部率另一營及直屬部隊赴台，只留一營駐福州。

2. 東北方面：隨熊主任去東北者有二十餘人，據報東北敵偽憲兵，均為蘇軍繳械，且檔案亦不存，無從查考。

3. 立煌631、632兩團，現擬調安慶訓練。631團原在六安，總計一千七百人，內有正式青年軍一千四百人，女青年卅二人，帶職公務人員九十餘人，惟病兵頗多，醫務人員及藥品均缺乏。632團在兩河口，計千餘人，素質甚好，多為河北、山東、安徽省籍。

4. 其他方面：第十九團調北平，現在浦口待
命。第十一團調天津待命。武漢第十二團已
接武漢防務，調徐州一營，現在蚌埠待命。
第十七團開保定，現在開封、新鄉、鄭州一
帶。第十三團已接昆明憲兵團防務。第二十
團原防護中印公路油管，現擬先調重慶。

（二）本部教導一、二兩團，現僅有千餘人，不足編
制，招兵期已予延長。

（三）平津偽憲兵三團，已電請北平行營就近接收，南
京偽憲兵三團，已編為三營待命接收中。

主席指示：

1. 偽憲兵團軍官不可用，士兵經考選訓練後，可用以補
充各團缺額。

2. 請憲兵司令部調查昆明附近中央軍事機關數目。

軍官總隊夏總隊長報告

（一）受訓軍官，請發墊被，可否，請示。

（二）軍官總隊原借用幹訓團警衛兵，現幹訓團已調
走，如何撥補？請示。

（三）衛生人員缺乏，請補充。

（四）無職軍官餉額未定，無法起餉，惟津貼已發。

（五）第八大隊已移駐白市驛，其他房屋尚有問題。

主席指示：

1. 受訓軍官墊被，自行辦理。

2. 警衛兵由本部特務團調用。

3. 衛生人員補充，軍醫署辦理。

4. 無職軍官餉額已開始審核。

5. 幹訓團及譯訓班營址，由營造司點收，撥歸軍官總
   隊。白市驛營房空出留待楚雄軍官總隊調渝時應用。

軍需署財務司孫司長報告

長江區餉款二百二十三億，計重約六十噸，請後勤總部
速派船以應急需。

主席指示：

請後勤總部速辦。

軍醫署吳副署長報告

林署長連同外籍顧問等一行十六人，已於昨日飛京，轉
上海、北平。

總務廳錢廳長報告

頃奉總長何致部長電，略述兩點：

（一）關於中央各軍事機關集中小營及軍校一節，提供
　　　意見如左：

　　　1. 軍事機構龐大，不敷分配。

　　　2. 軍事機構，聞將改組，最好改組後遷京，目
　　　　　前不適宜。

　　　3. 現已令軍委會設營隊，暫照現有機構從事計
　　　　　劃分配。並令於富順山西面計劃增建，如同
　　　　　意請派人主持。

（二）關於各軍事學校集中蚌埠以西、長江以北地區一
　　　節，意見如左：

　　　1. 現行學校制度，是否改變。

　　　2. 各校性質不同，演習地帶須適合，最高額容
　　　　　學生若干人？

　　　3. 倘 1、2 兩點未定案，頗難著手，擬請就近與

軍訓部洽商。

主席指示：

1. 各軍事機關地點一節，由營造司先將圖樣測來，然後在渝按圖商討分配。如有不數，再加添造，此事程序如此。

2. 各軍事學校集中皖北地區一節，由軍訓部實地勘察，選定地點。再由本部建築部門，加以設計建造。

五、散會

第三十七次部務會報紀錄

時　　間：十一月十日上午九時
地　　點：本部會議廳
出席人員：詳簽到簿
主　　席：部長
紀　　錄：周一凱

一、開會如儀

二、部長諭示事項

（一）關於出巡經過

本席此次奉命赴收復區視察，關於京滬、平津區敵人武器繳收，及東北、華北部隊武器服裝補充等問題，均經有所決定。東北部隊服裝已分長春、瀋陽、哈爾濱各地氣候分別予以指示。至於東北糧食，現有四十萬噸集體農場之產品未收，當協助糧食部趕速辦理。現在開赴華北各部隊，後勤總部須注意接濟軍實。

（二）各項指示

1. 本部平津特派員著即撤銷，一切業務歸入後勤補給區司令部辦理。

事實上平津區敵人物資均係美軍所接收，即可移交補給區司令部予以分配。

次長林補充：

人事處、軍務署承辦。

2. 南京、上海、北平、天津、武漢五區，著各成立一個特務團，每團編制四營，或另加一連亦可。隸補給區司令部使用，幹部由編餘人員選出。南京偽憲兵團，官兵均不能用，士兵即可編入特務團。

次長林補充：

兵源擬由各戰區轉撥，幹部就各戰區總隊選用，軍務署、人事處承辦。

3. 本部各單位派駐京滬工作人員，此後概由趙特派員指揮監督，以一事權。

次長林補充：

本部駐京聯合辦公處，均劃歸特派員辦事處內，但須設副處長一員，由趙特派員呈薦。

4. 醫院、工廠接收事宜，有關各署速派主持人員辦理。魏德邁將軍意見，技術人員可以不分國籍，加以聘僱。本人亦同意此原則，但日籍人員在兩國問題未解決前，加以徵用，將來改為雇用，且須暗示使之安心工作，待遇酌予提高。

次長林補充：

由辦公室通知各單位，將派出主持人員列表呈報。

5. 上海敵人汽車修理廠，規模甚大，可改為軍車製造廠。已請黃伯樵先生設計，予以充實。

次長林補充：

兵工署承辦。

6. 南京、上海、北平、天津、武漢五區，須建

　　　　　立汽車、油料、被服、糧秣、衛生器材等廠
　　　　　庫，軍需、兵工、軍醫三單位應注意。

次長林補充：

各區建築各種倉庫，須本管理統一庫房分別原則，先由
營造司擬定建築辦法，再由有關單位敦請專家主持。

　　　7. 明年度被服原料，品質顏色均須改進，質料
　　　　　應改用十六磅者。

次長林補充：

儲備司辦理。

　　　8. 接收物資分配事宜。

　　　　⑴現在收復區物資接收情形，極為紊亂，各
　　　　　方主管當局對於接收物資，似多凍結，未
　　　　　能迅予利用，以致工廠停工，失業嚴重。而
　　　　　最近滬上兩週來物價波動情形，已足重慶八
　　　　　年來之高漲。此次接收缺點在無系統。

　　　　⑵經濟部接收各廠，因開工困難，聞將令商
　　　　　人承包，本部如有需要，亦可承包一、二
　　　　　廠。軍需、兵工兩署加以研究，提出方案
　　　　　簽呈委座及宋院長。

　　　　⑶本部各單位接收之物資，應爭取時間從速分
　　　　　配，充分利用，然後清理集中，建庫保存。
　　　　　本人過去從事地方行政，以為經濟上的困難
　　　　　有四層：生產困難，控制困難，調節困難，
　　　　　分配困難。四者之中尤以分配為最難，如分
　　　　　配妥當，一切均無問題，各署長副總司令應
　　　　　多派人與特派員接洽分配事宜。

次長林補充：

1. 關於接收物資與承包經濟部工廠及分配諸問題，原則上照部長指示，辦法由後勤、兵工、軍需三單位加以研究。

2. 本部接收物資之分配處理，平津、京滬、武漢三區應有組織，但平津區分配情形，俟馬政司武司長返渝後，當知其詳，再作決定。武漢、京滬兩區組織人選，人事處研究擬呈。

（三）關於復員整軍會議

復員整軍會議，各單位送來報告，大致均好。本人出席該會議只能說明綱領，細節似當分由各署司詳陳，但究應如何，仍希研討。關於美國軍政改革草案，由俞次長出席說明，其他各單位應行準備，及注意各點如次：

1. 軍需署方面：

(1)財務司應注意四點：

甲、預算被打破。

乙、中央收支不平衡。

丙、法幣印運及匯兌之困難。

丁、各方面要求提前給予，浪費亦多。

(2)儲備司應注意三點：

甲、被服補給困難。

乙、被服計劃更新。

丙、新服制情形。

(3)糧秣司應注意四點：

甲、樹立副食制度，因人、因地、因物、

因時而配合。

乙、糧秣計劃改變。

丙、收復區糧食概況。

丁、糧秣補給困難情形。

2. 兵工署方面：提出兵工建設計劃。

3. 軍醫署方面：

(1)衛生建設。

(2)榮軍安置。

4. 軍務署方面：部隊編制系統。

5. 後勤總部方面：

(1)提出兩度改革機構草案。

(2)交通物資準備不夠，擬採取美國辦法加以改進。

（四）指示後勤業務事項

此次出巡，各方批評對於後勤業務者較多，軍政較少。倘以美人敵人比照，更覺我們太形落後，敵人雖窮而後勤辦理極善，效率極高，其苦幹精神，殊足令人警惕。我們如僅憑過去經驗，全藉公牘辦法，不謀改進，則應付將來，實感不夠，茲提示數點如次：

1. 後勤區域，以北平、南京、武漢、洛陽四點為中心，而以北平兼顧東北，列為首要。

2. 各區補給情形已呈報委座及總長，阿爾發部隊現雖分散，將來仍應集中使用。華北部隊彈藥不足，應行速運。

3. 西安區鐵道兵團，已由郤參謀長辦理，北平
　　區尚應成立一團，可向俞部長接洽。
　　通信工具多用無線電裝置，有線電易遭破壞。
4. 戰車部隊昆明四營改編為汽車團調渝，加以
　　組織後轉開華北。將來作戰部隊與業務部隊
　　應行劃分。今後東南部隊應集中南京，西南
　　部隊應集中武漢。北開洛陽，須以最迅捷方
　　法，配用各種交通工具，於短期內做到。軍
　　務署速定計劃。
5. 收復區工廠未復工前，後方工廠此時仍應注
　　意，以免兩失。各工廠調整則可，停業必經
　　批准。

三、報告事項

憲兵司令部湯參謀長報告

（一）補充前次會報報告：
　　　1. 去東北憲兵有官長五人，士兵二十餘人。
　　　2. 安慶營房已有國軍駐紮，631、632兩團，擬
　　　　另造營房。
　　　3. 接收南京偽憲兵幹部，在積極調整中，將來
　　　　該偽憲兵團，擬編為教育兵補充大隊。
（二）建立軍區制度後，憲兵如何配合？請示。
（三）收復區憲兵任務尚未展開，東南擬先成立憲兵區
　　　司令部，該部編制，請予批准。
（四）上海抗戰未結束前之地下憲兵部隊，原有一營，
　　　過去監視敵偽行動，因頗受各方攻擊，該營現

已調京，士兵擬重加訓練，營長則已押解來渝審訊。

次長林指示：

1. 軍區制度原則上每一軍區配置憲兵一團，但亦視軍區大小而定，較小軍區或可減少。憲兵總數擬以三十團為基礎，將來再定分配辦法可也。

2. 憲兵區司令部編制，可酌量需要情形成立，須詳述理由申請，根本問題，俟軍區成立後，業務上可自負責時，區司令部即行取消。

3. 上海地下部隊處理一節，照辦。

四、散會

第三十八次部務會報紀錄

時　　間：十一月廿四日上午九時

地　　點：本部會議廳

出席人員：詳簽到簿

主　　席：次長林

紀　　錄：周一凱

一、開會如儀

二、報告事項

編練總監部霍總監報告

（一）第六軍軍部擬請保留輸送連及軍樂隊，至於特務
　　　連擬請取消。

（二）二○四、二○五兩師，原擬各取消一團，現請暫
　　　保留建制，經費按實數發給。

軍需署陳署長報告

瀘州各學校校長曾聯名請求青年軍將所駐校舍退還，如
何答復，請示。

主席指示：

1. 第六軍保留輸送連等一節，同意總監部辦法。

2. 204D、205D 按實數發餉原則，原擬取銷之兩個團保
　 留至六個月後。

3. 瀘州青年軍營房，原則上明年七月間可以歸還各校，
　 如已另建營址，亦可提早。

衛戍總部郝參謀長報告

（一）勝利以前，工潮雖有迭起，例能以調整工資之方法，謀得解決。勝利後工潮問題日趨嚴重，非毀物則傷人，最近如渝鑫鋼鐵廠、中央造紙廠等工潮，均須本部派隊駐紮，方資坐鎮。揆其原因，不外生活困苦與共黨教唆兩點。本部業經報告委座，工潮問題似應謀根本解決。

（二）軍法執行總監部自十一月十六日開始，不收來文，以後關於軍法案件，是否移送軍法司，請示。

主席指示：

軍法案件，概由軍法司辦理，並由本部備文通知各處。

憲兵司令部湯參謀長報告

最近重慶四郊，散兵游勇極多，每週拘得三、四千人，移送衛戍總部後，三兩天又行釋放，且此種類似散兵游勇，多為小販轎夫買穿軍服，並非正式士兵，甚或有偷竊等不法行為，社會視聽，頗多淆惑。

衛戍總部郝參謀長答復：

此類散兵游勇，過去均係送師管區補充兵役，或由保甲帶回，今後處理原則，請示。

主席指示：

凡穿軍服者，均作為散兵游勇收容，加以編制備補充兵役，如係小販轎夫等則脫下軍服，予以釋放。

軍官總隊夏總隊長報告

（一）無職軍官待遇，係按新給與八成發給，但彼等尚要求發給眷糧，可否請示。

（二）第八大隊營房在歇台子，原由兵役部與外事局撥
　　　給之傢具，請派卡車運送。

（三）總隊部因運輸上之需要，擬請調換新卡車四輛，
　　　以資應用。

主席指示：

1. 無職軍官待遇，概無眷糧，且明年度代金現品補助等
辦法，將予取銷，行政院對此已有決定。

2. 派車送傢具事，可與總務廳接洽。

3. 卡車可撥新的二輛，舊車繳還。

後勤總部端木副總司令報告

（一）美方車船移交事宜，曾經洽商後勤總部統一接
　　　收，只有特種車輛，如汽油運輸車等，始由航
　　　委會接收。此事曾經簽准委座有案。魏德邁將
　　　軍返美後，斯特梅耶將軍又將各項車輛准與悉
　　　數移歸航委會，此事經過如此。

（二）現前後方各部隊需車甚急，只得拆散原有汽車兵
　　　團予之，最好航委會不必接收是項車輛。

（三）白雨生司令明日來渝，機械、交輜、騎、砲、馬
　　　政各單位，可將撥車換馬等事宜與之會商決定。

（四）接平津耿司令電報，平津區各廠，請有關單位速
　　　派人接收。

軍需署陳署長報告

（一）陸軍總部請將接收敵人之軍服，其質料較好者，
　　　自少將以上每人發給一套，可否請示。

（二）請後勤總部將西南區所接收美方罐頭，運往河西
　　　部隊應用。

（三）平津區各廠，據報有兵器、汽車、被服、交通通
　　　信器材等四廠，接收人員十分缺乏。

後勤總部郗參謀長報告

（一）本人最近奉命赴滇接收美方移交車輛，原擬整編
　　　為六個汽車團，但美方又已答應航委會接收。
　　　據第五路空軍司令見告，空軍方面，實際上並
　　　無接管如此鉅數車輛之能力，現擬有兩案：
　　　1. 先由後勤總部接下編隊，空軍需要再予轉撥。
　　　2. 或由空軍方面，就可能接收之數（一千五百
　　　　 輛）接收之，餘由後勤部接管編隊。
　　　如何辦理？請示。

（二）現存西南區盟方被服尚有三千餘噸，其中雨衣、
　　　蚊帳甚多，似應運來重慶，但被服之運輸序
　　　列，在彈藥、通信、衛生器材之後，如何處理
　　　確成問題，且美國軍服在西南各地散賣亦多，
　　　軍民穿著式樣甚雜，應予取締。

（三）西南各庫所存口糧罐頭甚多，河西部隊如有需
　　　要，請軍需署將所需種類及數量列單，交由白
　　　雨生司令清理運送。

主席指示：

1. 關於美車接收事宜，簽呈委座決定。

2. 河西部隊所需罐頭口糧，軍需署迅速擬辦。

3. 陸軍總部少將以上人員，軍服可予照發。

4. 赴平津接收各廠人員，可由各單位個別組織，速往
　 辦理。

兵工署楊副署長報告

（一）還都問題久懸未決，請速定工作重心在京抑在渝，重心未決則京滬工作無法進行，渝方工作反受影響。

（二）去京工作人員，與眷屬異處心情不定，且兩地開支勢難支持。已東下之工作人員，其眷屬可否送去。

（三）勝利勳章是否應給予優勤兵工，以資激勵，請示。

（四）兵工工潮，尚無問題。惟最近勞動協會要求兵工參加是項組織，恐份子反趨駁雜，請部次長予以禁止。

主席指示：

1. 兵工待遇應予提高，但管理必須嚴格，俾不受工潮影響。

2. 工作人員眷屬東下問題，部長已有指示，原則上可以送去，最近期間即可定出辦法。

3. 工人領受勝利勳章一節，人事處辦理。

兵工署製造司鄭司長報告

汽車修理廠一案，業經會同後勤、交輜兩單位加以調查，均屬修理性質，緣於本星期二由兵工署召集軍需、後勤、會計、交輜四單位開會商討移交事宜，經決定數項：

1. 各廠除綦江一廠外，定十二月一日全部由後勤總部接管。

2. 各廠經常費事業費撥歸後勤部，製造費撥歸兵工署。

3. 本年度各種經費結清撥後勤部、兵工署，明年度預
   算由後勤部造報。

4. 綦江汽車修理廠本年一月至四月來代金未發，請軍
   需署查案辦理。

主席指示：

綦江一廠亦可撥與後勤總部，並更名為汽車配件製
造廠。

人事處代表彭璞報告

（一）關於領受勝利勳章人員資格，已呈請行政院，
     予以解釋。

（二）抗戰紀念章，原來規定十分嚴格，各單位報請
     人員似嫌太寬。

（三）各單位報請超級待遇人員，亦嫌太濫，銓敘廳
     多未批准。

（四）本部各單位附員增加太多，此與整編原則適得
     相反效果，擬請銓敘廳定出辦法。

（五）本部各單位對於女職員，似以不用為妥。

主席指示：

1. 關於編餘人員由銓敘廳、人事處擬出辦法呈核，以後
   各單位如有缺額，可就總隊受訓軍官遴派充任可也。

2. 凡在後方之技術人員，女性亦可用，其餘似不相宜。

部長辦公室吳主任報告

明年度預算，會計局催送甚急，各單位趕速彙集。

後勤部端木副總司令報告

本部經費預算尚未列出，原因有二：

1. 鐵道兵團器材經費，屬交輜兵司抑後勤總部，未完。

2. 收復區接收各廠經費在預算內抑在預算外，亦未完。
預算太小，事業成績恐不能做到百分之百。

主席指示：

1. 鐵道兵團器材，在交輜兵司經費內開支。

2. 接收各廠經費，現尚未能確立。本部預算可先就一萬
五千億之數列出，以後如不夠，再專案請求可也。

兵役署徐署長報告

（一）兵役部已定十二月底結束，兵役署則於十二月一
日成立。軍訓部國民兵教育處職掌，現已併入
國民兵司。本署司長以上人選已奉委，副司長
以下，亦請迅賜批定。

（二）十二月間，部與署之職掌區別於下：

1. 屬於部者：本年度經費之結算，兵役之結束，
以及各師管區之業務。

2. 屬於署者：明年度經費之預算，三司及人事
業務之開始。

三、主席指示事項

（一）西南各地倉庫，應化零為整，集中要點，俾便於
管理。各單位自行研究計畫，四省之集中區域
大致如左：

1. 滇：昆明區

2. 川：瀘敘及重慶兩區

3. 貴：貴陽區

4. 桂：桂林區

（二）本年度年終工作檢討項目：本年度本部工作比

較艱鉅，應整個的加以檢討，預定計劃做到幾分。已做到者，缺點如何？均應虛心研究，以謀改進，茲舉數端如下：

1. 工作上之缺點：

甲、業務上的。

乙、組織上的。

2. 重大事件之成果（非經常的），舉凡建設性、改革性之業務均屬之。如：

甲、部隊整編。

乙、實物補給。

丙、兵工建設。

不必勉強，亦不必多列，下星期六以前彙總。

四、散會

第三十九次部務會報紀錄

時　　間：十二月一日上午九時
地　　點：本部會議廳
出席人員：詳簽到簿
主　　席：部長
紀　　錄：周一凱

一、開會如儀

二、部長訓詞

本部自總長兼任陸軍總司令後，由本人接任，今日恰好已一年。回顧此一年中，同仁努力工作，安慰很多，猶憶去年今日，敵人襲我桂柳，攻入黔境，其危疑震撼的程度，真是不可想像。不特是抗戰以來，也是我們從事革命以來最為危險的時期，當時負軍事責任的人，曾力勸委座離開重慶。幸賴委座堅定不移，相信必可擊潰貴州的敵人，結果是轉危為安，給我們以反攻的機會。

在準備反攻之一階段內，大家異常努力，特別是敵人投降後，大家日夜辦公。高級人員均早到遲退，不特工作忙碌而且生活清苦。然同仁均能集中精神，努力工作，因而生活上的困苦，反被遺忘了。並且各位在工作上，常有受氣的地方，但大家仍是繼續努力。這點任勞任怨的精神的確是極好的，現在最危險的時期，已過去了。但我們細細檢討一切，距離我們預期的目的，還是很遠，大家仍須要繼續努力，以免功虧一簣。勝利後，國

家安全了，但我們的工作，仍是日益加重，只有堅毅與
努力，才能克底於成，現在約述幾點如次：

（一）前事不忘，後事之師，國家如此危險，我們不
能將這種責任完全委之於滿清與軍閥政府。
過去，是過去的責任。而現在只有我們自己
負責，這種觀念必須確立。須知百事之成，絕
無倖致，用多少努力，多少時間，則得多少結
果。所謂種豆得豆，種瓜得瓜。一切的事，絕
非投機取巧可以成功的，必須有計劃有步驟。
委座從創辦黃埔，統一兩廣，北伐剿匪，抗戰
建國，莫不是按計劃行事的。本部明年度工作
計劃，應確定為繼續整軍，完成復員，預定建
軍基礎。而且我們執行計劃時，還要顧全主觀
的與客觀的條件。

（二）本人最近讀了馬吸爾將軍致美國軍政部報告書，
有幾點感想，覺得很可以做我們建軍的參考。
第一，以美國人民科學知識程度之高，尚且提
出加強科學研究工作。我們人民科學水
準如此低落，而一般智識份子只知從做
官發財途徑著想。
第二，以美國人民體格如此健強，技能如此熟
練，尚且注重普遍國民軍訓。我們軍人
的健康就不夠標準，更不必說老百姓
了。至於技能，即就騎馬一事而論，多
少將官簡直對於騎術毫無所知，我們真
應警惕。

第三，以美國之富有，生產力居世界第一。但
　　他們卻極重視軍隊人數之配合，戰時極
　　多，平時極少，以免浪費人力，減少國家
　　的生產力量，而我們的將領，仍是兵不怕
　　多，官不怕大，不知為國家節省財力。

第四，這次世界大戰，美國總算為盟國盡了最
　　大的努力。他們戰略機構，配合極為靈
　　活，但他們仍力謀改進，研究軍事的一
　　元化，務使配合的機構變為統一的。而
　　我們戰時機構之運行，既未靈活，現在
　　尚談配合的問題，已是較後一著了。如
　　何迎頭趕上，全賴我們的努力，一種完
　　善的制度，必基於一種需要，而制度的
　　完成，絕對不是個人的建樹，必須大家
　　有同一的精神，而後可以成功，本人這
　　四點感想，特別提出，希望諸位努力研
　　究，為國家制定完善的制度。

（三）人類的眼光，只看過去與現在，是不夠的，還
　　要看到將來，第一次世界大戰即與現在一次不
　　同，將來演變至如何程度，需要預想到各國的
　　兵器研究，可能進步至若何情形，而後再為戰
　　略的研究，以及訓練的措施，和一般與軍事有
　　關事項。必須如此確定步驟，才可使軍事有進
　　步，才可適應將來的戰爭。前幾天與友人研究
　　建軍問題，有人批評我們現在的軍隊為太古時
　　代的軍隊，我們為什麼會這樣落後，這是我們

應該負責的。我們須要自信，凡各國所能做到的，我們也能做到，方不失為優良民族。

（四）關於還都問題，星期三臨時會報已有指示，現在再為一提，本來敵人退出後，我們就應該還都的，但因為種種關係，遲至今日。茲經行政院決定於十二月十五日以前遷京辦公。本部應行注意事項如下：

1. 本人暫留此間，各署人員應留者留下，其他人員全部東行。

2. 同人眷屬可同行者同行，但抵京後尚無住屋者，則不妨暫緩，此間供應工作，仍照常進行。

3. 本部所租定之屋，以分配科長以下人員為原則。

4. 還都費用，在行政院未正式規定前，暫由本部墊發，每職員十二萬元，俟行政院已有規定時，再照規定辦理，多還少補。

5. 大家東行在即，應在重慶留好印象，關於住屋客主之間，尤應禮讓相處。

（五）兵役署和軍法司原隸本部，後以適應戰時需要，始行分出。現在復員了，重又劃歸本部職掌。關於兵役方面，指示原則如下：

1. 兵役應確立人事管道，以往役政，人事全無軌道，駁雜不純，訓練亦缺乏系統與計劃。今後應選專門人才應用。美國辦法有兩特點：

(1)預備軍官由各種專門學校出身；

(2) 軍事訓練之成就。

美軍基礎全在軍士之優良，故軍官指揮靈便，士兵管理嚴格。我國軍權，多採諸無智識人之手，故軍政不易上軌道，希望今後兵役工作，先將人事基礎樹立起來，凡編餘軍官中有新智識，富經驗，具能力者，可選為軍區訓練幹部。

2. 兵役為樹立建軍之基礎，現在停徵一年，兵源困難很多，故役政仍極重要。俗語說，一年之計在於春，我們要確立良好的軍隊基礎，必須第一步便做好，以往各軍師管區役政的歷史，似乎不夠光榮。我們必須樹立新的系統，在軍區制度成立以前，各師管區結束之後，其間有一交替時間，應該可能招兵的省份，成立招募處，軍區成立後，這招募工作便可結束，另以人口為標準，如每師區以三百萬人計，則全國可劃分為一百五十個師區，預備兵額不虞不足，而且劃分也很合理。

至於軍法方面，應分積極與消極兩點去做：

1. 積極的，應配合各地方民意機關，各級黨部，各方輿論，使盡量檢舉違法事件。造成一種風氣樹立一種輿論，使一般軍人不敢犯、不能犯，即所以防患於未然的道理。

2. 其次是消極的，要爭取時間，有證據的，即加判決。判決之後，即加執行，並予公布。這樣殺一儆百，方可收效。至於主持軍法的人

要守紀律，負責任，任勞任怨在所不恤。必
要如此，才可樹立軍法的威嚴。而在辦理案
件方面，要注意三點：

甲、由近而遠。

乙、由大而小。

丙、由親而疏。

至於我們明年度的工作，我不妨重複再說一次：
是繼續整軍完成復員，預立建軍的基礎，希望
大家努力，完成使命。

三、報告事項

編練總監部霍代總監報告

（一）青年軍預備軍官訓練，明年二月開始，請發戰防
　　　砲及器材等。

（二）女青年退役事，已與內政、社會兩部協商。

（三）軍事教育計劃已擬定。

（四）各師冬日草墊費，請按每師一百萬發給。

次長林指示：

1. 預備軍官訓練不分科，武器可由部隊借用。

2. 草墊費簽呈部長決定。

衛戍總部郝參謀長報告

渝津師管區因經費不足，對於散兵游勇，拒絕收容，請
兵役署下令該區辦理。

兵役署徐署長答復：

收容問題不在經費而在管理，當與萬司令商談決定。

軍需署陳署長報告

（一）關於整編後之偽軍，其待遇問題，總長指示與部
　　　長指示不同，如何辦理？請示。

（二）東北給與，究以何種幣制？請部長決定。

（三）新服制帽已做好，其他不易如期做成。可否分區
　　　決定穿著日期，請示。

（四）川、康、黔、滇四省供應事宜，明年擬請由補給
　　　區辦理。

部長指示：

1. 偽軍待遇，可照舊給與另定標準，呈委座核定，並說
　 明軍費之困難情形。

2. 關於東北給與，可先匯一萬萬元予杜司令長官，並簽
　 呈委座，請定法幣與東北幣制之比率。

3. 明年夏季服裝，可就北平、上海、西安、漢口四處籌
　 製五百萬套，新服制、軍帽限明年元旦製好，其餘
　 不必分區分期穿著。

4. 四川設成都及重慶兩供應局，其餘三省，可由補給區
　 辦理。

四、散會

第四十次部務會報紀錄

時　　間：十二月八日

地　　點：本部會議廳

出席人員：詳簽到簿

主　　席：部長陳

紀　　錄：陳光

一、開會如儀

二、部長訓示

（一）本部明年度預算，各單位送來的數字過於龐大，
　　　初編達四萬億元，後經再三縮編，現仍為一萬
　　　九千億元，關於預算數字龐大的原因，約有數
　　　端，一是物價波動，預算不能不稍微寬籌；二
　　　是時局阢陧，軍費暫仍不能大量縮減，三是建
　　　軍時期，需要大量建設費用，且各種建設，因
　　　須盟軍協助，多以美金為標準，故折成法幣，
　　　數字就特別龐大了。此種原因，我已經向宋院
　　　長報告過，宋院長也很原諒，經指示建軍費可
　　　專案請領，其他預算仍照八月至十二月標準編
　　　列，暫維目前需要。並說今後財政決有辦法，
　　　大家要知道行政院、財政部對軍費已盡最大努
　　　力，只要國家財力許可，無不答應我們的請
　　　求，他們對我們負責，我們自己更要負責。非
　　　用不可的當然要列，但可省的則應儘量節省。
　　　此次盟軍移交的物資，以及接收敵人的物資，

為數甚鉅，都應調查清楚，妥為利用，各部隊
接收的物資，都應登記帳目按照預算抵扣，不
能說接收的物資不算，而應領的服裝、糧秣、
經費仍照例向上面催領。關於此點，本部應下
令各區特派員特別注意，此事如果辦好，明年
度預算定可減少。本年度應付過去，從明年度
開始，一定要有科學的辦法，各單位的經費應
發多少？已發多少？均應開列明白。應發的項
目自動發給，不應發的縱來請求，亦不允許。

（二）本年利息，照規定有一千多萬，各單位如有利
息，應該全部公開，合理使用，最好集中用於
大家身上，或作特殊困難的補助。各單位用
錢，對上要報告，對下要公開，不能給人懷疑
批評。用錢有三個原則，第一對上司可報告；
第二對僚屬可公開；第三對良心無愧恧。大家
如能這樣做，定可樹立良好風氣。

（三）現在事情能否辦得通，第一是要靠人事健全，各
位用人，須再三考慮，選擇適當人才，如存私
心或偏心，必無辦法。選用人的時候，必須詳
細考察其履歷，因為現在履歷表上開列三代，
可以看出其家庭歷史及親友關係，再從其學歷
經驗，詳核其所學何科？所做何事？有無成
績？家庭負擔如何？性情態度如何？一切清楚
了，這人工作能力如何，應派什麼工作？自可
得其大概。所謂「視其所以，觀其所由，察其
所安」，就是這個道理。所以我們對於用人，

必須「疑之不用，用之不疑」，寧可事先慎重考慮，既用之後，須使其瞭解全盤業務情況，貫澈上官意旨，不可事事防患，事事掣肘，以致事事辦不通。最近和兵役署的人員談話，覺得過去兵役署的壞，完全是人事不健全，用人不得法，在兵役署工作一年以上的人，對其業務尚不清楚，這種人如何能設計工作？如何能貫澈上官意旨呢？過去我對於各位用人從不干涉，但正因為如此，各位用人就應該格外注意。我平生只一個「嚴」字，從前我離開十八軍的時候，我認為最大的安慰，就是部下無人敢做壞事。各位要知道，庇護部下對部下姑息，並不是愛護部下，反而是害了部下，因「姑息足以養奸」，部下走錯了路，犯了罪，不完全是部下的過失，做上官的亦應負責。現在有許多壞事情都只瞞著我一個人，須知凡事不做則已，一做他人必會知道的。現在給我知道，還可以及時糾正，不致陷溺過深，將來犯法太多，一旦被人舉發，則挽救無及，愛之適足以害之。各位想想，對部下姑息，縱容部下去犯法，以致使部下身敗名裂，悔之無及，以及對部下嚴，使部下不敢犯法作弊，力求上進，這二者之間，究竟何者是真正愛護部下？各位當然知所選擇。所以我們用人範圍要廣泛，態度要公正，並且要注重真正人才，不可專講關係，如有親人，可與朋友交換派用，以免招致

許多物議。並且以後發生問題時，也免得牽涉
家庭，增加個人的困難，這也就是古人易子而
教的意思。總之金錢、人事問題，本年底希望
大家要澈底檢討，注意糾正。

（四）還都人員應按照派定名單啟程，不能藉故拖延，
各署司應特別注意。

三、次長指示

（一）十二月份配給本部軍用船隻，應速將船名，電知
沿江各部隊，不准再行拉差帶客，並藉故留難。

（二）宜昌、漢口兩地均應設立招待站，準備眷屬換船
食宿地點並照料一切（十二月及明年一月辦法
相同，二月以後再定）。本部分配四千艙位，
以每員平均攜帶家眷三人計算，僅能算一千職
員。有一千職員還都固可辦公，但積壓公事必
多，尚須研究。十二月份可照此辦理，但一月
份仍須酌量配運部隊。

（三）各處營房管理所，營造司應速負責督促成立，
人事處應從榮軍中選拔妥當人員負責，趕緊成
立，以便接收各處營房。現四川、雲南已經成
立人事處，應速通知各機關，以後關於營房交
接均逕與營房管理所接洽辦理。

（四）各署司接收美國及日本物資，應注意調查清楚，
妥善處理。又如接收多少？如何保管？如何分
配？應即電知全國各部隊，使均能全般了解，
以免引起疑慮。如被服、糧秣、彈藥、器材數

目，均應集中保管，適當分配。

（五）本部本年度各單位檢討報告，尚有少數單位未送到，應速送呈。

（六）關於接收各車廠，兵工署者已接收，後勤部者定明年一月一日起接收。

四、報告事項

衛戍總部郝參謀長報告

（一）軍法司還都後，衛戍區內軍法案件可否依照各地高級軍事機關代辦規定，授權本部代辦或抑寄呈南京。

又駐在衛戍區非本部直轄或指揮之軍事機關部隊所犯案件應如何辦理？為簡捷便利計，可否亦併由本部代核。

軍法司答復：

將來軍法司還都後，重慶衛戍區內軍法案件，可請軍委會委託衛戍總部代核。

（二）過去國防工事，城內區由警察監護，城外區由部隊監護，今後部隊逐漸減少，可否交由地方政府監護。

次長指示：

1. 永久工事，原則上應由當地軍隊監護，萬一無軍隊監護時，可酌量交由地方政府監護。

2. 野戰工事可撤銷。

3. 半永久工事，視其性質分別保留或撤銷，由軍政、軍令兩部會商決定後通知辦理。

（三）本屆冬防，已成立冬防組，經派員視察，所有
情形，尚無重大事件發生，惟所虞者厥為工潮
與學潮，現正嚴加防範中，總以採取不流血之
說服手段為原則。

憲兵司令部湯參謀長報告

（一）各憲兵團調動情形。（略）

（二）教導第五團（即接收青年軍改編而成者）已派定
官佐前往接收。

十四軍羅軍長報告

本軍部隊，目前仍多駐民房，查楊家坪現有空營房（可
住一營人），擬請撥給本軍駐紮。如尚有其他空營房，
亦請指撥十四軍駐紮。

次長指示：

楊家坪空營房，可一面駐紮，一面報告。其他營房可與
四川營房管理所接洽。

軍官總隊夏總隊長報告

（一）現本總隊奉命將東北籍軍官抽出編一東北大隊，
惟本總隊現八個大隊員額已滿，無法騰讓，如
急需編成，擬另編一大隊，暫借中訓團房屋駐
紮，如目前不必急於編成，擬俟第一批學員轉
業後，再行編成。

次長指示：

暫緩編，可先造送名冊。

（二）受訓軍官薪給，編餘軍官發十成，失業軍官發
八成，過去人事處未十分劃清，請迅確定。

（三）現本隊學員尚有未核定階級者，請從速核定，嗣

後並請勿送未核定階級人員受訓。

次長指示：

1. 編餘失業軍官，由審核委員會從速劃分清楚，並分別
   編隊受訓。

2. 以後受訓學員應先核定階級後再送訓，未核定者，請
   銓敘廳從速核定。

儲備司莊司長報告

新軍帽服裝之發給，分為中央區機關（包括重慶、南京
兩地）及中央區以外機關（包括各戰區）兩部分。中央
區機關明年元旦起發新帽，明年三月起發服裝。中央區
以外各機關部隊之軍帽服裝，自明年夏季起發給，並已
報告委座。

供應局王副局長報告

（一）本局直接供應各單位十二月副食已發給實物，
　　　三十五年一月份亦在準備中，惟各單位已奉令
　　　還都，途中副食間有請發給代金者，擬請照
　　　准。至留渝人員，則仍發實物。

次長指示：

照辦。

（二）本部各單位眷屬供應品已籌辦至十二月底止，本
　　　年底度節餘油鹽等物，如一部份眷屬還都後，
　　　可勉強維持至一月份，其他燃料等則極感困
　　　難，現日用品管理處已奉令裁撤，平價物品已
　　　無法購買，如須繼續供應，則價格恐與市價相
　　　差無幾，一月份以後是否仍須供應，請示。

次長指示：

尚須繼續供應。

（三）請從速劃分重慶、成都兩供應局管轄區域。

次長指示：

由後勤總部劃定。

（四）渝市外本局未設置站庫，自一月份起，若將採購
　　　組取銷，改由本局直接供應，勢非添設站庫，
　　　不克完成任務，如何請示。

次長指示：

再加研究。

（五）本局職員，多係外省人，眷屬回籍，可否照本部
　　　例配給船位，並發給還都旅費及補助費。

軍需署答復：

職員家眷，照本部各單位例辦理，職員本人不還都者，
則不發給。

兵工署楊副署長報告

新肩章領章式樣，由參謀室設計，已分各廠承製，惟經
費過鉅，約需三百餘萬元，且材料困難，圖案複雜，製
造需時。可否略以變更，以空心線條代實心線條，以線
縫代替彈簧。

次長指示：

可先送式樣研究後再決定。

後勤總部郗參謀長報告

（一）十二月分配給軍用艙位僅容四、○○○人，除配
　　　運戰車部隊、警衛旅約占一、六○○艙位外，
　　　其餘之二、四○○艙位照決議以三分之一計八

○○艙位，分配軍委會、航委會，至於留給本部及後勤總部者，僅有一、六○○人之艙位。年底決不能運其他部隊，請各單位注意。

（二）交通部接收日輪六艘，已接收到興平、興國二艘，擬即先運新六軍赴天津。

（三）美國送我之自由輪六艘，即運杜聿明部赴津，約本月中旬在滬交與我方。

（四）交通部澳購來之十八艘登陸艇，十日內可開達上海。

（五）軍委會工委會美克內遜上校，催促接收各飛機場，關於修建材料及汽車等器材甚急，應如何辦理。

次長指示：

授權軍委會工委會陳副主任委員逸九代為簽字，後移交昆明後勤司令部接收具報。

軍醫署吳副署長報告

兵役部已改署，聞所屬機關亦將改組或取銷，各師管區及其附屬之醫院，是否在取銷之例？如不取銷，則師管區醫院下月份經費須發放。如何，請示。

次長指示：

師管區一時尚不取銷，原有醫院可接收，將來如師管區取銷，亦可重新配備。在未取銷前其經費自應發給。

兵役署鄭副署長報告

師管區經費，兵役部應發至何月份為止，請示。

軍需署答復：

可發至十二月份止。

五、散會

第四十一次部務會報紀錄

時　　間：十二月十五日
地　　點：本部會議廳
出席人員：詳簽到簿
主　　席：次長林
紀　　錄：陳光

一、開會如儀

二、次長指示

（一）本部及後勤總部，應從速清理後方單位，使之簡
　　　單合理。此點部長前經指示，惟迄今尚未做到，
　　　各單位應從速研究，視各地情形，分別取銷歸併
　　　或遷移。惟編餘官兵均須予以適當安置。

（二）供應組織關係重要，現已逐步予以調整，惟兵站
　　　人員尚須注意三點：
　　　甲、兵站業務，絕對不能希望以飛機運輸軍需
　　　　　品，因事實不可能。
　　　乙、補給計劃之擬訂，不能以鐵路暢通為標
　　　　　準，因現在時局未靖，殊無把握。
　　　丙、各補給區應完全替後勤總部負責，蓋兵站
　　　　　業務即後勤總部之業務，本身須設法克服
　　　　　困難，達成任務，不可專事仰賴上級。

（三）收繳物資狀況，前方各地數目，均有登記，如何
　　　處理，大致亦已規定，惟處理情形，尚未接到

報告。

（四）目前編餘失業官佐，總計四萬餘人，除退役及已
予安置者外，尚有三萬七千人，其中二萬人準
備轉業警官，五千人轉業交通管理，均已與有
關方面接洽妥當，已有把握。此外未決定者，
僅一萬二千人，故安置決無問題。惟嗣後各方
缺額應予控制，如各部隊之副營長、副團長等
缺，須照原定計劃安插編餘官佐，否則不僅與
原意相反，且結果更增加一批新進人員。

（五）新制軍帽軍服，原奉令分期分地開始更換，惟近
軍委會會報時，均認為此種辦法，紛歧甚多，仍
有考慮必要。經決定簽呈委座，請改自明年夏季
起，不分軍帽軍服，不分地區，不分官兵，一律
同時更換，此點請各單位注意。又非軍人不准戴
軍帽著軍服，各單位併請注意糾正。

（六）十四軍所缺兵額、車馬、火砲各項，有關各單位
可如下辦理：

甲、所缺卡車，交輜司可照規定發給。

乙、砲兵馬匹不夠，馬政司可撥一部補充。

丙、十四軍兵額尚缺二千五百餘人，兵役署可
即設法撥補。

丁、八十五師尚欠砲兵一營，騎砲司可設法
撥補。

三、檢討上次會報紀錄

上次會報紀錄兵工署報告，應略更正。全文如次：

新肩章領章照最近核定式樣，分交各廠承製，惟數量過鉅，共約三百廿餘萬件。且圖案繁複細緻，製造費時，明年三月底以前，僅能造交一部份，又肩章領章，擬均鑽孔用線縫固定。肩章擬用空心，所需製造經費，另擬預算呈候核撥。

次長指示：

固定方式可用線縫，空心、實心送樣研究後再決定。

四、報告事項

衛戍總司令部郝參謀長報告

（一）本市六大學，昨日上午七時許，突有外省籍學生六、七百人結隊向教育部請願，未集合前經憲兵24團勸阻不止，並聲言決守秩序，請願目的：

1. 由政府遣送回鄉；

2. 免試轉學；

3. 按照公務員例發給旅費；

由教育部總務司接見，分別答復，至下午六時始返校。

（二）民營工廠已奉經濟部核准十六廠停業，工人遣散費雖已發給，但工人要求甚苛，問題複雜，似有奸人煽動，廠方請求本部派隊協助，本部為恐引起工人反感，致肇事端，已決定進行步驟如次：

1. 先由主管機關派員負責開導工人；

2. 如開導無效，則由警察局先派警察維持秩序；

3. 如警察不能維持秩序，則一面由憲兵團派兵

協助，一面由本部派軍隊擔任警戒，但不入
廠，以免引起事端。

編練總監部毛主任報告

（一）青年軍最近已數師奉令北移，並繼續完成預備軍
官教育，關於新駐地營房修葺，與一切教育上
所需各項設施，在在需款，擬請以師為單位，
先撥專款一千萬元，然後檢據報銷。

次長指示：

可由軍需署核發。

（二）女青年軍奉命於本年度十二月底以前一律退役完
畢，當經遵照命令，擬呈女青年軍退役辦法，
惟尚未奉批示，無從遵循，聞印刷退役證明書
以及所需準備事項尚多，恐不能於本年底退役
完畢，特此報請備案並懇指示。

次長指示：

女青年軍決定照原定辦法退役，由女青年服務總隊向軍
務、兵役兩署接洽提前辦理。

（三）本部奉令結束，原有督訓官十餘員，現仍無法安
插。擬即分派青年軍第六、九兩軍甄別充任教
官或隊職。

次長指示：

可造名冊送本部人事處派任青年軍各師教官。

（四）青年軍奉命北移，各師官兵以北方氣候寒冷，擬
請各發棉大衣一件，以資禦寒。

次長指示：

軍需署核辦。

（五）此次青年軍奉命移防，部隊原有營舍及營具，擬
　　　請營造司從速分別派員前往接收，或另行移交
　　　他部。

次長指示：

軍需署辦理。

（六）青年軍第九軍此次北移，奉准每師調配卡車伍拾
　　　輛，循環輸送，惟未註明輸送次數，為求確實起
　　　見，擬請准予輸送四次，或至輸送完畢為止。

後勤總部黃總司令答復：

由第九軍鍾軍長於十六日午前十一時前往新橋後勤總部
洽商辦理。

兵役署徐署長報告

（一）兵役署已於本（十二）月一日改組成立，各司司
　　　長、副司長大部已由部派定，科長以下職員，
　　　亦已大體編組派定，業已開始辦公，關於交接
　　　事宜，三個業務司明日開始交接，其餘檔案、
　　　房屋、公物等，須俟兵役部月底結束後，下月
　　　初方能接收。

（二）准軍務署通知，目前全國尚需補充兵額七十五
　　　萬人，約佔戰時年徵兵額之半數，現擬在北方
　　　各省未設師區地區成立十二個招募處，每處以
　　　招募一萬至二萬名為度，合計至多僅能招募
　　　二十四萬人，其餘不足之數，擬在現有各師管
　　　區招募，每區預計招募五千至一萬名，以應需
　　　要，詳細計劃亦正擬訂呈核中。

次長指示：

1. 兵役部結束，其與本部各單位有關事項，希各單位從
　速洽商辦理，編餘人員，遵照規定予以安置。

2. 須要補充之兵源，在停徵期間，可設招募處招募志願
　兵，師管區亦可招募，俟正常徵兵之各項準備完成
　後，再開始正式施行徵兵，以樹立建軍之整個體系。

軍需署嚴副署長報告

本署第一批還都職員，僅奉分配九十餘個艙位，該九十
人現雖起行，但站途輾轉，不知何日始能到京，如本
署四司一處，到京整個辦公，非三百員不可，請從速
支配本月份艙位，俾本署預定必要人員得趕速前往，
以免誤公。

次長指示：

總務廳辦理。

總務廳錢廳長報告

（一）根據上次部務會報，十二月份軍運配額，除軍委
　　　會及運輸部隊外，本部及後勤總部共 1,600 人，
　　　現經規定本部 1,000 人，後勤總部 600 人。

（二）本部第一次（十二月十日）同心兵艦已運 400
　　　人，第二次（十二月十三日）民照輪已運 500
　　　人，依上運額，十二月份本部只有 100 人可運。

（三）查本部既開始還都，十二月份如照上述，僅限
　　　100 人，困難滋多，現本部迫切需要待遇者：
　　　1. 軍需署 300 人，
　　　2. 其他各單位若干人，
　　　3. 各特派員辦公處職員眷屬與設營人員眷屬，

均留滯在渝，亟應優先還都，以舒內顧。

依照以上運輸情形，擬供意見如左：

1. 增強空運。

2. 與後勤總部于處長面商，十二月份配運部隊1,600
人，擬改用木船運輸，所出艙位，亦可增強本部
十二月份運額。

3. 今後軍運配額，擬請適合還都迫切要求，增加配額。

4. 宜昌換船，擬請交通部全國輪船調配委員會力求銜接
為主。

後勤總部郗參謀長答復：

目前船隻調用非常困難，調配委員會預定各部份艙位，
無法要求增加，本部只能就原定艙位，統籌辦理。

次長指示：

運京船力不夠，可用汽車送衡陽，一次開三十輛，即能
送六〇〇人，軍需、軍醫兩署大批人員，可坐車運京。

（四）各職員眷屬士兵，轉船副食費用，可否由公家
負擔。

次長指示：

由本部招待站負責辦理，再行報帳。

兵工署鄭司長報告

本部原定廿日止，不收普通公文，卅日止不收緊急公
文，如還都時間耽延，應如何辦理？

次長指示：

可順延十天。

五、散會

第四十二次部務會報紀錄

時　　間：十二月廿二日
地　　點：本部會議廳
出席人員：詳簽到簿
主　　席：次長林
紀　　錄：陳光

一、開會如儀

二、報告事項

衛戍總部郝參謀長報告

（一）過去星期內，渝市工廠工人，有兩處發生事端。
　　　一為新華機器廠，擅敢扣留奉派處理該廠糾紛
　　　之經濟部、社會部各科長一人，本部據報後即
　　　派高級人員，率憲前往開導訓責，始將被扣科
　　　長帶回，現正辦理為首滋事工人中。
　　　又有若干工人，闖入渝市工人失業處理委員會，
　　　搗毀器具，已將為首工人兩名逮捕到部訓辦。

（二）江北地區指揮部彭兼指揮官，以該部在冬防期
　　　間，事務繁多，已函呈次長林，請賜准就前新
　　　一旅編餘人員中，委附員七名，派該部服務，
　　　以利業務。

次長指示：

可照辦。

（三）冬防期間，本部用油過多，經備文附預算表，呈

　　　　請另發汽油二千加侖，請迅照發。

次長指示：

俟公事到後核發。

編練總監部報告

（一）三十一軍女青年軍退役，請延期至明年一月底。

次長指示：

可延至明年一月底。

（二）六、九兩軍女青年遵於十二月底退役，元月份因
　　　候車船，在隊逗留期間之主副食費，請准實報
　　　實銷。

次長指示：

准實報實銷。

（三）目前交通困難，女青年退伍時，請加發交通費
　　　一倍。

次長指示：

原則上可加發三分之一，軍需署核辦。

（四）女青年退役時，其棉衣請准攜帶。

次長指示：

可准帶去。

兵役署徐署長報告

（一）上週會報 14A 提出「黔省尚有補充兵六千餘名，
　　　前係撥與 71A 東開，聞未接收，擬請改撥 14A
　　　二千餘名，以資補充缺額。」一節，頃經本署
　　　查明該項兵額，已改撥 26A 接收完畢，14A 所
　　　缺兵額，只有另謀撥補。

（二）兵役部交案，奉令由兵役署統接，但除設計司、

常備兵司、國民兵司、總務處、督查處及人事
處之第三科，由兵役署接收外，其餘經理、
會計、軍醫、人事處之第一、二科與軍法分
監部，由本部軍需署、會計處、軍醫署、人事
處、軍法司分別接收，兵役署俟奉到兵役部交
案後，當分別函知各單位接洽接收，預定本月
廿六日可以開始。

軍械司洪司長報告

國軍換配所繳日械部隊，已奉核定十五個軍，以現在所
得繳獲日械數字，暫只能換配十三個軍，擬請暫不再增
換配日械部隊，以免補充困難。

總務廳錢廳長報告

（一）還都船運困難，奉准搭趁戰車總隊駛漢之便
　　　車，經與機械化司向司長商酌，撥本部大小車
　　　輛壹百輛，裝運本部人員、公私物品赴漢轉輪
　　　運京。

（二）本月份輪船只有壹百人之艙位運京。

（三）此次車運人員是否為職員？抑為眷屬？請示。

決定辦法：

兩項總務廳酌辦。

海軍處周副處長報告

本處前奉部令全部還都，曾經按照分配數目，於十二月
十日派遣第一批還都人員三十員及一部份檔案前往。此
次又奉委座電飭主要人員限本週內到京，明晨乘機飛行
者，亦不過八、九人，所餘在渝人員及接收各處檔案，
為數甚多，又以本處所辦業務多在沿海一帶，擬請遇有

船運儘海軍處人員先行派往。

次長指示：

與錢廳長洽商派遣人數。

機械化兵司向司長報告

（一）裝甲總隊可撥車一百輛（內卡車84、吉浦8、
　　　小車8），載本部人員一千五百人到武漢。但每
　　　人連體重行李，不能過300磅，否則超載重量
　　　太遠，車易損壞。

（二）油料必須由沿途補給機關發給，否則載量將減
　　　至一半以上。

（三）修車材料，請照請求數量從速發給，因須修理
　　　完畢後，方能出發。

決定辦法：

由錢廳長、向司長與後勤總部于處長洽辦。

軍法司劉司長報告

（一）軍法司已於本月一日正式開始工作，關於接收
　　　方面，因前軍法總監部尚未全部送來，亦未訂
　　　有具體交接辦法，恐短期間不能完畢。

（二）二十天來本司收到案件，共達二、九三〇件，
　　　內中關於審理之案件，移交一六九件，新收
　　　六二九件，審核之案件，移交一六三件，新收
　　　五八一件，此種案件非比普通文書容易處理，
　　　必須經過繁複手續，如果要做迅速確實之處
　　　理，原有人員實在不夠分配（過去在抗戰前軍
　　　委會有軍法處，本部有軍法司，抗戰期間為軍
　　　法總監部）。擬請准酌增軍法官若干名，以利

工作。

（三）軍委會軍風紀巡察團已成立，本部應派督察官及高級軍法官各一員參加，其階級均係將官，本司無督察官之設置，高級軍法官亦僅四員，辦理審核重要案件及審擬重要法令與解釋法令，已感不敷，實在未能派出。可否改由本部諮議名義派出服務，或請軍委會另行指派，請示。

決定辦法：

請專案簽呈決定。

軍需署陳署長報告

此次奉命赴東北調查幣制及幣制確定後東北軍隊應如何待遇兩事，均已決定，報告如次：

（一）東北流通券，業由財政部籌備就緒，並已會同國庫署楊署長在北平、長春商妥，於本月廿五日前由長春中央銀行代表財政部公告發行，並規定流通券與前偽滿券等值。

（二）東北部隊給與亦經呈奉委員長蔣核定如次（照流通券支給標準）：

俸薪：上將壹萬元

中將九千元

少將八千元

上校七千元

中校六千元

少校五千元

上尉四千元

中尉三千元

少尉二千五百元

准尉二千元

餉項：上士一千元

中士八百元

下士六百元

上等兵五百元

一等兵四百元

二等兵三百元

公雜費：照關內新給與百分之四十支給

副食：每人按四百五十元支給

馬乾：每馬按一千元支給

（三）依照上項規定，每軍（轄三個師）月需經費約
七千萬元。

（四）東北流通券施行範圍，包括東北九省、熱河省。

會計處李會計長報告

（一）明年度軍費預算尚未奉核定，明年一月份各單
位經費，暫照本年十二月份標準發給。

（二）請軍需署速請財政部將東北流通券與法幣比
值，即行決定，以便核發在東北軍事機關部隊
學校經費，及關內關外人事業務對流之用費，
否則將無法辦理。

人事處陳處長報告

（一）政府明年元旦定期敘勳，本部各單位，未造送請
頒勝利勳章及各種勳獎章名冊者，請於三日內
造送人事處彙辦。

（二）三十四年度年終考績，其辦法業已通報，一月

十五日前，本部須將全案送銓敍廳。請各單位催飭承辦人員，務於一月五日前送人事處，俾便彙辦。

軍醫署吳副署長報告

此次奉令接收軍委會殘廢傷病官兵慰問組，移交特種卡片及多，共有一百餘箱，運用此項卡片，非專門人員不辦，最低限度擬請留用十一人，辦理此項工作，以資駕輕就熟，且元旦發稿在即，須即解決，如何？乞示。

決定辦法：

編餘人員應照例送軍官總隊，但得仍由軍官總隊撥交該署暫行派用，以維業務，而免影響該署編制，以後並將此項人員，儘先納入編制內。

糧秣司黃司長報告

（一）全國已實施新給與者，人365萬餘，馬14萬餘匹，但實在補給實物者僅有52萬餘人，約為百分之十五。

（二）實物補給，原可不必計及經費，但各地物價有漲無減，副秣費超出規定甚巨，卅四年度委員長指示：人每月二千至三千元，馬五千至八千元，卅五年度預算部定人每月三千元，馬一萬元，而實際上卅四年度副食費每月平均支付人均在三千元以上，馬均在一萬元以上。卅五年度目前核定人每月三千至五千元，馬七千五百至一萬五千元，超出預算約百分之三十左右。而各戰區請求發款，有在六千元以上者。卅四年度因未全部實施新給與，尚可統籌運用，至

卅五年度幾已全部實施新給與，必無餘款可資
彌補，擬請在不減少定量原則下，略加以平價
限制，可否敬祈核示。

決定辦法：

請專案簽呈決定。

十四軍譚參謀長報告

（一）青年軍他調，璧山綦南營房，可否撥與本軍
　　　駐紮。

決定辦法：

如有空房，可與營房管理所接洽遷駐。

（二）本軍所領經常汽油，因不敷應用，軍長、副軍長
　　　及各師師長出巡次數較多，現值冬防期間，擬
　　　請增發。

決定辦法：

如有特別用途，可專案呈報核發。

營造司黃司長報告

青年軍當時成立匆促，所駐營房，多徵用民房及機關，
原則上須交還原主。現青年軍業已他調，應如何辦理。

決定辦法：

按照青年軍營房處理暫行辦法，與四川省營房管理所會
同辦理。

馬政司報告

越南區接收敵馬及海運國軍遺馬內運問題，前奉指示，
由本司派員籌劃內運，因飼養管理無人，請指定部隊負
責協運，以免損亡。

決定辦法：

可利用日俘。

三、討論事項

奉交下「軍政部接管美軍移交物資辦法草案」，請討
論案。

後勤總部黃總司令宣讀全文，徵詢各單位意見。

決定辦法：

1. 草案庚其他：「接收工作，自卅五年元旦起，統限兩
   個月內辦理完竣。」文後增加：「必要時得延長一
   個月」一句。

2. 先由軍務、軍需、軍醫、兵工四署各派熟悉各該署
   業務之人員一員擔任接管美軍物資特派員辦公處專
   員，商承部派特派員計劃一切進行事宜。

3. 收買價款，視當時情形，專案報核。

四、交辦事項

次長提

奉部長交廿一日新民晚報陳志堅街頭討錢新聞，著
查明該員為何不到軍官總隊報到原因，請討論案。

決定辦法：

交衛戍總部會同憲兵司令部查明報告。

五、散會

第四十三次部務會報紀錄

時　　間：十二月廿九日

地　　點：本部會議廳

出席人員：詳簽到簿

主　　席：次長林

紀　　錄：陳光

一、開會如儀

二、次長指示

今天是卅四年度最末一次的部務會報，本年度業務結束，明年度工作開始，這是一個關鍵。各單位卅四年度的檢討報告，現正在整理中，大約年底可整理竣事，下月初可宣佈。現在想趁這個機會，向各位提出幾點意見。

（一）最近遵照部長指示明年預定要辦的事，擬了一個項目，以供各單位主管參考。但這個項目所列各節，並非確定的計劃，僅是明年預定工作目標的提示。將來是否完全照這些項目做，有無變動，現尚未知，惟這裡所列的事項，都是我們明年度要計劃來做的，則無疑問。

（二）此後辦理業務，必須先立目標，次定計劃，再付實施。我覺得做事應先有目標，方知重點所在，與理想所寄，然後擬定計劃，決定步驟，才不會紊亂錯誤。如無目標，必至突然忙亂，結果不知

所做何事，為何而做。枉費了人力物力。

（三）此後辦公，各級主管辦公室，必須具備與主管業務有關的必要圖表，以供對照辦理，不必全依賴文書檔案，以免調卷查案，耽誤時間。

（四）此後各署呈部公文，希望力求減少，凡不能決定及有特別意見者，可當面請示，或用電話商定，以資迅速。

（五）此後辦理業務，不可徒囿於辦公室內，應注重有計劃的聯繫視察，方能做到與各方調協，切合實際。

（六）關於庶務管理方面，以後購買物品，應力求切合實用，而不浪費。

（七）各單位應從速辦理的事項：

　　1. 部長指示各單位對青年師的經理衛生，應特別注意。

　　2. 昆明各機構應從速清理，凡須取銷、歸併及遷移者，均於年底辦竣。

　　3. 四川營房管理所交接應加注意，其地點、機關、姓名從速決定，通報各機關。在軍區未成立前歸補給司令指揮。

　　4. 各單位即行還都，南京辦公房屋及通訊設備，應加緊準備。

（八）本部主要人員還都後，重慶方面暫留吳主任參事石主持，關於總務事宜暫由總務廳范諮議正桐主持。

三、報告事項

衛戍總部郝參謀長報告

（一）上次會報奉交查失業軍人陳志堅街頭討乞事，當即分別電話憲兵兩團及本部稽查處認真查尋，送本部處理，同時又詳示今後如有失業軍人，應照軍政部規定，飭往中央軍校畢業生登記處報到。現據報該陳志堅已無蹤影，想已離渝他往。

（二）為整飭軍容，本部開始拘捕散兵游勇，於本月廿五、六兩日即捕到四百餘名，廿六日晚，因有少數鼓動，發生暴動，始則拆毀屋內磚石及水器向外投擲衛兵，繼則聯合向外衝逃，衛兵不得已鳴槍壓制，始得平息，不幸有三人負傷，其中兩人以傷重身死。死者已予掩埋，逃者捕回，正依法嚴辦中。其餘於廿七日將適合兵役標準二百餘人，交渝江師管區帶走，剩下老弱者，將其軍服解除，覓保釋放。

（三）渝市工廠之處理經過。（略）

營造司黃司長報告

本部還都各單位辦公房屋，業經統籌分配，尚感不敷，除由設營委員趕覓外，餘經著手修理。但對職員宿舍，層峰曾飭在京計劃建築，自應遵辦，以副愛護僚屬盛意。惟此項宿舍，計分單身與有眷兩種，數量甚多，佔地較廣，且因目前材料缺乏，地基打樁需時；又徵用地畝，在復員後似應依土地徵收法呈奉行政院核准公告後，始可興築；凡此原因，勢難於短期內告成，以應迫

切需要。茲謹陳述左列意見，以備採擇。

（一）本部各單位眷屬，除南京自有房屋，或已租到房
　　　屋者外，其餘如無必要，可暫緩東下，俟宿舍建
　　　成，再由公家運送回京。

（二）籍隸京郊或沿長江及鐵路離京較近一帶之職員，
　　　其眷屬如願暫回原籍居住，可從其願。

（三）擬先建造數百棟臨時竹架蓆柵草頂房屋，以應急
　　　需，惟僅可支持一年，不免耗費公帑。

（四）擬建正式宿舍，採新村方式，配設子弟小學合作
　　　社及婦女簡易工廠等，惟此係一勞永逸之計，需
　　　時較長。

次長指示：

臨時房子，可先搭建一部份以供急用，其他以後辦理。

糧秣司黃司長報告

（一）偽軍整編情形，尚未據報，但各戰區紛紛請求補
　　　給，為求免發生事故，擬按照軍務署所發編制人
　　　數，共約二十一萬餘人，自元月份開始補給。

（二）各部院返都後，各軍事機關供應問題，是否援
　　　渝市例，專設機構擔任？

次長指示：

1. （一）項照軍需署規定手續，由戰區轉發。

2. （二）項，原則上實物供應，由各機關自行辦理。

儲備司莊司長報告

京滬方面所準備之補充冬服，因受上海工潮影響及時間
緊促，趕製不及，迭電再由重慶方面火速運濟棉衣褲五
萬份，棉被十萬條，作開赴津浦線部隊之用（兩月來已

由此間交船運京滬六次，運出棉衣褲一項已在廿五萬份
以上）及裝具等類約五萬噸，現因交涉輪船不到，繼續
請撥載重五、六噸之木船五十艘，亦未辦到，交通如此
困難，深恐貽誤軍用，請予設法運送。

決定辦法：

由後勤總部撥木船五十艘運送。

軍醫署吳副署長報告

最近乘船回京人員之眷屬，在船上生產者二人，如平
產尚可應付，如遇難產，則船上人數擁擠，設備毫
無，至為危險。可否通知各單位，凡足月之孕婦，應
從緩上船，產後相機再運或於船上闢一診療室，以便
施行手術。

決定辦法：

船上可闢一診療室，同時通知足月孕婦，應緩還都。

會計處李會計長報告

本部行政重心，將於明年一月三、四號，由重慶移至南
京，擬請截至本年年底止，本部在渝對外停止發款與收
文，以便整理文卷帳籍，而利遷移。可否乞示。

次長指示：

可通知總務廳。

五、散會

軍政部三十五年度
部務會議紀錄

第四十四次部務會報紀錄

時　　間：一月五日
地　　點：本部會議廳
出席人員：詳簽到簿
主　　席：次長林
紀　　錄：陳光

一、開會如儀

二、次長指示

今天是三十五年度第一次部務會報，「一年之計在於春」，當此業務開始，百端待舉，亟應權衡緩急，預定目標，釐訂計劃，作為本年度工作準則。本此意思，我上週已擬定一個工作項目，提供各位參考，現在再就本年度初期亟應舉辦之工作，列舉要點如左，希望各單位主官，參照自己業務，分定詳細辦法，付諸實施。

（一）預算方面

本年度預算，係依據上年度預算編造，與本年實際情況不合，會計處應會同軍務署、軍需署、參事室等有關單位，重行編造妥為分配。

（二）復員工作

    1. 復員工作第一是還都，各部在京辦公房屋，本部應即統籌計劃，從速整建，至本部各單位須於十五日以前，均能在京辦公。此外，在渝留守的組織，職員及眷屬的運送，均須

從速妥為辦理。

2. 建立西南補給區及清理西南機關兩項工作，應照計劃，速予辦理。

3. 所有收繳物資，應即將其種類數目，詳加統計，並澈底清理一次，然後再作合理的分配。

4. 所有接收之各種工廠（非軍用者不接收），亦須從速統計清楚，並加以整理運用。

5. 美方遺留物資的接管，期限僅有兩月，應速清點，辦理手續，務須清楚。

6. 各區特派員辦公處，任務完畢者，應陸續結束。

7. 游擊隊、補充團及自新軍的編併，應速擬定計劃，督促實施。

（三）整軍工作

1. 整軍是建軍的初基，軍務署已擬定軍師的整編方案，確定後要切實辦理。員額決定由三百二十萬人縮減為一百八十萬人，編制中特加各級副職。實施方法，應分時分地，把握時機，爭取實效。

2. 特種部隊的駐地，應予調整，並充實其內容，凡勤務部隊，一律撥歸後勤總部管轄。

3. 改善補給（包括被服、裝具、器材、軍械、食物、金錢等），其原則為主動補給，使每一單位，每一士兵，都能按時得到定量的分配。推行此項工作，務須有計劃，有組織，有考察。三者缺一，必無法達成任務，希望

各署切實注意。金錢給予，尤應力求規則化，簡單化，方能做到數目確實，發給迅速，庶可使公家少浪費，私人無怨尤。

4. 編餘官佐的安置，為整軍四大項目之一，應按照預定計劃，圓滿推行。現有各軍官總隊官佐，以分別轉業為主，各總隊部應從速清理人數，查報志願。預立計劃，商請中訓團籌設下列轉業訓練班次：

　(1) 警官訓練班，

　(2) 交通管理班，

　(3) 工廠管理班，

　(4) 中學校教官班，

　(5) 特種政工班，

　(6) 職業軍官深造班。

5. 倉庫醫院，應予合零為整，調整駐地，配合補給區，並健全東南、西南及中央三區補給組織。醫院方面須做到每一病兵都有床、有被褥、有藥品。

6. 籌劃南北汽車訓練班，倉庫保管訓練班，及業務軍官訓練班。

（四）建軍工作

本年初期要完下列建軍四方案：

1. 確立平戰時兵力方案。

2. 確立徵兵管區方案。

3. 審定兵役法修正方案。

4. 重行建立海軍方案。

（五）其他工作

　　1. 草擬治軍五手冊：

　　　　(1) 人事手冊。

　　　　(2) 參謀手冊。

　　　　(3) 供應手冊。

　　　　(4) 兵役手冊。

　　　　(5) 軍隊內務。

　　2. 新制服定今年夏季實施，主管單位，即須開始準備，並確定分配計劃。

　　3. 營產整理計劃，即須開始辦理，學校方面，與軍訓部商洽。

（六）附記事項

　　我覺得推行一種政策，第一要有目標，方能得到效果。如毫無目標，只隨事務支配，雖一年忙碌到底，亦不會辦好，這點我在上次會報已一再提及，希望各位不要因為工作困難而消失目標，致礙事功。有了目標之後，還要注意左列幾項工作，切實執行，以收成效。

　　1. 事之條理：靠有計劃。

　　2. 事之推行：靠有組織。

　　3. 事之成效：靠有視察。

　　4. 分層負責：著重各自檢討。

　　5. 合理辦公：著重必要圖表。

三、報告事項

兵役署徐署長報告

（一）兵役部與兵役署交接案，除三個業務司及總務
處、督察處、秘書室及人事處之一部，正行接
收外，其餘經理、會計、軍醫各處及軍法司與
人事處之關於各師區者，尚未移交，現正催促
中。如交來時，希望各有關單位，早賜接收，
以免影響兵役業務之進行。

（二）軍訓部國民軍事教育處撥歸兵役署接辦問題，有
二種辦法請示：

　　1. 以前軍訓部曾簽請委座核示，擬向軍訓部調
閱該項原案，參照辦理。

　　2. 學校軍訓，仍由軍訓部辦理，學生畢業後之
徵集入營，完成預備軍官佐訓練，則由兵役
署、軍務署分別辦理。

次長指示：

以第二種辦法為當。

軍需署陳署長報告

軍需學校初幹班，現有五百餘學生，即將結業，原擬分
發各補給區工作，如可利用此項學生管理倉庫，擬請後
勤總部加以必要的技術訓練，並請分發任用。

次長指示：

可照辦。

第六軍報告

（一）青年軍之車輛，以實物補給，運輸頻繁，更不能
如普通部隊，可飭士兵擔運，因此車輛耗油甚

> 大，請照以前規定卡車每月仍發油一百加崙，
> 坐車每月仍發六十加崙。

（二）青年軍藥品，以前規定有相當配賦數量，自卅五
　　　年起，照普通發給，實不敷用，擬請仍照以前
　　　規定發給。

次長指示：

各部隊均有一定規定，青年軍未便特殊，但如有特別需
要，可另案請領。

衛戍總部郝參謀長報告

（一）自卅四年十二月廿五日起，至本年元月四日
　　　止，本部拘捕之散兵游勇及服裝不整之軍人，
　　　共五百四十名，經檢驗合格，可充兵役者，共
　　　三百另一名，已撥交渝江師管區，餘為老弱及
　　　有軍官佐現職身分者，均分別告誡，正飭具妥
　　　保開釋中。

（二）關於整飭汽車行駛紀律和維持秩序一事，本部已
　　　遵照次長指示，於青木關、小龍坎、兩路口、
　　　朝天門、海棠溪、一品場等六處，分設糾查
　　　站，並於本（五日）日開始工作。

四、散會

第四十五次部務會報紀錄

時　　間：一月十二日
地　　點：本部會議廳
出席人員：詳簽到簿
主　　席：次長林
紀　　錄：陳光

一、開會如儀

二、次長林指示

今天會報，有二件重要的事，要先提出報告和討論。

（一）委員長指示我們，在停止衝突遣送日俘，最近
三個月內，應做下列三事：

1. 整軍

2. 恢復交通

3. 整編共軍

關於2、3兩項，已另派組人員團體，負責處
理，惟第一項整軍，係本部主管，最近三個
月內，應集中全力完成此項工作。軍師整編
方案，業已呈核，俟奉准後，即可實施，但此
僅係部隊的整編，整軍意義，不僅充實部隊而
已，其他尚待處理的事項甚多。現特就本人所
見到的，列舉於左，希望各單位迅速圓滿辦
理，時代突飛猛進，我們要迎頭趕上，由抗戰
而整軍建軍，完成建國使命。

整軍應行注意的事項：

1. 將整軍方案，即發各有關單位，並普遍宣傳
   使各方共喻整軍之意義。
2. 擬定實施辦法，即分區監督辦法，並指定各
   區負責人員。
3. 組織本部考察團，負責考察聯絡。
4. 整編時間，預定二、三個月內完成。
5. 其他電台、倉庫、醫院的整理，補給區供應
   站組織的健全，物資的轉運，傷病官兵的運
   送，特種部隊的編併，兵工廠的整理，應行
   撤銷及歸併部隊的處理，以及過去所曾指示
   的事項，均應按照預定計劃，在此時期內迅
   速完成。

（二）現在急需開五個軍至東北，處理受降及遣送日
   俘工作，惟交通困難，解決此項問題尚需美方
   幫忙，現在預定開的部隊，準備如何？缺少之
   物品多少？亟應詳加檢查，即請各有關單位報
   告，討論解決。

（三）附帶請各位將「收繳降軍武裝物資驗收處理辦
   法草案」帶回研究，如有意見，三天內送參事
   室彙辦。

三、討論事項（密略）

四、散會

第四十六次部務會報紀錄

時　　間：一月十九日
地　　點：本部會議廳
出席人員：詳簽到簿
主　　席：次長林
紀　　錄：陳光

一、開會如儀

二、次長林指示

三十四年度工作檢討報告，已整編竣事，請各位帶回，再加檢閱。此次檢討結果，我覺得本部各單位對於基本工作，還未做好，本年度開始，應從速彌補，基本工作是一切工作的基礎，基本工作健全之後，其他工作方能做到有條不紊，迅速確實。此一道理，極易明白，惟既知之而不行，則與不知無異。基本工作，如各項數字的調查編訂，要想做到詳確週備，自有繁難之處，但第一次難關打破，以後一切困難，自可迎刃而解。現將此次檢討出來的意見，及目前要做的事項，提述於次，請各有關單位，務須爭取時間，切實辦理。

（一）亟需辦理的基本工作

　　1. 軍務署應定的裝備表，應從速編製完成，付印分發；內務手冊，無論如何煩難，亦須編訂。

　　2. 軍需署對被服裝具，每一軍師，須有現況表，詳確列述編制人數、現有人數、已有人

數及欠缺人數等項，如非以個人計算者，則按裝備表之規定計算。金錢、經理現況，亦應本此原則編訂。

3. 軍務署對於通訊器材及汽車輛數，軍醫署對於衛生器材，亦須照上述要領列表。

4. 以上係對部隊而言。此外各地的被服、兵器、通訊、衛生、交通各倉庫儲備數目，兵站管區內各倉庫現況，主管單位，均應照上原則，編列各種現況表。

5. 部隊補給機構的組織與健全，為後勤業務目前最重要的事項，供應手冊，須速妥定頒行。俾各級單位，工作有所準則，組織基礎得臻健全。

（二）收繳物資的清點組織，須速進行。須知各種物資經確實點驗後，部內方有詳實的數字根據，部隊方得合理的統籌分配。

（三）西南零碎機關的清理，部長已一再指示，各單位不能再延，應速督促辦理。

（四）營房管理，應特加注意。可分三種辦理：好的營房，須即派人管理看守，稍差者可借給地方機關，再次者寧可送給老百姓居住，不要任其封閉，棄置不用。

（五）榮軍安置，應速照計劃辦理。

（六）工作人員辦公時間，須照規定，各單位主官注意糾正。

三、報告事項

衛戍總部報告

（一）取締市區散兵游勇辦法，正執行中，惟不無困難
　　　之處：

　　　1. 為各機關部隊什兵伕後送師區後，紛紛來函
　　　　 請求釋放，難以應付；

　　　2. 為貧苦小販工人，一家衣食所繫，送師區後
　　　　 家人生活可憫。

　　　因此擬：

　　　1. 予以拘禁教訓後，准各機關部隊備函領回，
　　　　 不得再犯；

　　　2. 將軍服領子口袋減去放釋。

（二）各地方機關，在市區逮捕人犯，擬請事先關照衛
　　　戍總部，以免誤會。（舉例略）

（三）砲三團一營七、八連由雲南開渝，駐彈子石石橋
　　　段一帶，士兵每日聚賭，動輒五、六十萬元，
　　　除已飭查外，擬請飭知該團官長注意。

（四）共黨近在協商會外活動，極為積極，煽動工
　　　潮，作種種無理要求，本部正與有關機關嚴密
　　　防範中。

次長指示：

1. 逮捕人犯，應依法通知憲兵司令部，或衛戍總部執
　 行，本部各單位知照。

2. 砲三團士兵聚賭，請衛戍總部查明嚴辦。

憲兵司令部湯參謀長報告

（一）兵力調派情形：

1. 前奉行政院院長宋手令，以青島勤務重於天津，希
   速選派憲兵一團，運往服務。本部以原定服務青島
   之憲兵第廿團，因滇緬路勤務尚未交接清楚，短時
   調動困難，特將現正集中武漢待命海運天津之憲兵
   十一團，改運青島服務，迄今月餘，以交通工具無
   著，無法開動。

2. 原定服務青島之憲廿團，已於上月勤務交換完畢，分
   兩批離滇，現抵瀘、筑等地，均以交通困難，無法
   續進。

3. 昨奉委座電令，服務台灣之憲四團，以人地不宜，著
   速選團調換，或將其中層以上幹部，予以調換。爰
   以還都未畢，兵力實難調派，且交通亦未暢通，運
   輸必極困難，俟交通恢復，再行抽調新團接替。

4. 昨奉鈞部訓令：著調派憲兵一團，從速開往東北服
   務，頃亦以交通困難之故，擬先調派一營，俟交通
   暢達，再行調整加強。

以上四項謹提報告並乞指飭後勤部從速撥派交通工具，
以便運輸，而利勤務。

（二）目前南岸豬鬃工潮案，已經衛戍部詳報，茲補充
   如左：

   本部憲廿四團，得社會局通知，希派兵力協助發
   放工人遣散津貼，當飭照辦，是時工人誤會，以
   為以武力壓制，致起反感，雖經一再解說，終以
   彼等成見過深，遂將憲兵挾持渡江請願，續經派
   副團長、營長等即往開導，結果不僅無效，且有
   被毆之勢。查憲兵為執法兵種，其行為如無違法

之錯誤應受保障。此次工人行為囂張，若不嚴予懲辦，憲兵官兵受辱事小，國家法令威信掃地，擬請轉飭衛戍部依法懲辦。

（三）秦英俊案尚在繼續偵察中，至今可供參考者有二：

1. 該員所遺之白朗林手槍，槍膛紅銹滿佈，似無射擊痕跡。

2. 其彈殼亦不像當時射擊者，惟真情如何，俟偵察完畢，另行詳報。

（四）關於散兵游勇服裝之取締，擬懇由鈞部廢品中加染撥發本部及衛戍部，以備必要時換替，較為妥當，如何請裁。

次長指示：

四項軍需署可酌發舊衣著，以供換替。

後勤總部端木副總司令報告

（一）一月份軍事部份船運分配情形：

一月份由全國船舶調配委員會分配軍事部份船位，共計四千人，除軍委會各單位及軍政部航委會後勤總部還都人員，佔用三千人外，部隊運輸，只有一千人，均已陸續配運，餘額無多，但目前已奉軍委會暨軍政部命令，及各方面請求待運者，如第三、第七軍官總隊，西南幹訓團，中央訓練團，重迫砲第一、二團，通信兵第六團，及獨立第三、第九兩營，航空工兵第一團，暨其他零星官兵，已達一萬六千餘人。二月份長江水位較低，將來運量更少，關於部隊運輸之先後次

序，應請由軍政部予以裁定。

次長指示：

關於部隊船運先後，由軍務署核定。（方署長即席指定參謀室彭主任鍾麟主持辦理。）

（二）對次長林指示後之報告：

1. 供應手冊，本部已粗有準備，惟俟由軍政部各署司供給材料，擬定於下星期二（一月廿二日）下午二時，在後勤總部再行集議，請各署司指派負責人員，攜帶主管部門之各項材料，準時出席，共同商討，以便早日編成。

2. 各區將繳敵資驗收委員會後勤委員，已決定分由各區內最高兵站機關，指派主管運輸人員參加擔任。計：

   京滬區由上海第一補給區司令部運輸處長擔任；

   武漢區由漢口第二補給區司令部運輸處長擔任；

   廣州香港區由廣州第三補給區司令部運輸處長擔任，因廣州方面，本部現派有副參謀長何世禮駐辦轉運，故尚須兼受何副參謀長之指揮；

   膠濟區由濟南第四兵站總監部運輸處長擔任；

   開封區由鄭州第一兵站總監部運輸處長擔任；

   東北區九省由第三兵站總監部運輸處長擔任；

   平津由北平第五補給區司令部運輸處長擔任；

   台灣區由台灣供應局主管運輸科長擔任。

糧秫司黃司長報告

奉讀部長元旦諭告，第三項指示做事應虛心納諫，博採
輿情隨時檢討，以求改進；並舉欠發第十四軍上年八月
以後應領掌韁實物例，以資警惕。恭讀之餘，惶恐無
似，自當恭受訓示，以求補過。惟本部補給第十四軍馬
騾掌韁，實在經過情形，與該軍報告，出入頗多。查各
單位所需馬掌馬韁，經本部規定，自上年八月份起，補
給實物，馬掌每兩月發給一次，馬韁每六個月發給一
次，嗣因籌辦不及，暫照規定費額標準發款，交各單位
自辦。第十四軍上年八月至本年元月份馬韁費，及上年
八月馬掌費，前經本部上年十一月以戌微代電飭領，該
軍當於十一月六日向本署財務司領訖。上年十月至本年
元月份馬掌費（兩次馬掌）亦經該軍向川東供應局領
訖，詳細情形，業於元月二日簽報在案。本案實情如
此，恐未蒙察，謹提報告。

軍需署陳署長報告

第二戰區之糧秫經費，本部係按照十九萬人發給，但該
戰區要求按二十九萬人發給。究應如何辦理？且應按何
種標準計算？乞示。

次長指示：

由軍務、軍需兩署會商決定。

第三軍官總隊傅總隊長報告

（一）第三軍官總隊十二月初由楚雄出發，途經月餘，
　　　現已大部抵達重慶，唯駐地星散，尚有第一大
　　　隊駐地無著。乞示。

次長指示：

各部份空出房子，速交營造司接收，分撥軍官總隊駐用。

（二）本總隊奉命由滇開渝轉京，並限元月十五日前集中南京，現限期已過，再加目前駐地困難，管理施教尤為不便，請早日派輪運京。

（三）請增加教育費，及補發九月以後續到隊員勝利獎金。

決定辦法：

（二）（三）兩項，另案請示。

第十四軍長報告

（一）本軍現缺兵額名三、五一八名，當本年度教育開始，擬請早予補充，以便訓練。

（二）本軍輸力部隊編餘官佐一百八十員，擬請早日送軍官總隊，以免影響部隊整訓。

次長指示：

1. 現缺兵額，兵役署可由青年軍撥補。

2. 編餘官佐，可即送軍官總隊。

第六軍報告

本軍復期教育，即將開始，關於教官問題，軍官總隊無法選用，刻本軍需要教官三〇四人，究由何處派遣。乞示。

次長指示：

由人事處向軍訓部洽辦。

軍醫署陳副署長報告

本部軍醫教育委員會，已奉准設立，其第一次會議，擬

於二月一日在滬舉行，經以部電分行軍醫學校、衛生勤
務訓練所、軍務署、軍醫署遵照，並電教育部、軍訓部
各派代表一人出席。所有軍醫學校請召開之會議，擬准
其舉行，惟不必邀請校外人員出席，當否，乞示。

次長指示：

如擬辦理。

四、散會

第四十七次部務會報紀錄

時　　間：一月廿六日
地　　點：本部會議廳
出席人員：詳簽到簿
主　　席：次長林
紀　　錄：陳光

一、開會如儀

二、次長指示

（一）軍官總隊應注意辦理事項：

　　　　1. 凡各總隊選派青年軍擔任預備軍官訓練之教
　　　　　　官，須特別加以登記，造冊送人事處，將來
　　　　　　應儘先優予分發任用。

　　　　2. 凡各總隊中資歷能力俱優，並志願擔任職業
　　　　　　軍官者，另造冊呈報，以備分發。

　　　　3. 砲、工、通、輜等特種兵科軍官，分別集中
　　　　　　編隊，予以考核，察其能力優良者，另呈報
　　　　　　備用。又年事尚壯，而學力不足者，亦另冊
　　　　　　造報，俾便予以補習教育後，分發任用。

　　　　4. 上述各項，凡業已考試轉業者，不在此例。
　　　　　　由各軍官總隊向人事處接洽辦理。

（二）各單位應注意辦理事項：

　　　　1. 三十五年春季充實國防計劃，業已擬訂呈
　　　　　　核。此項計劃必須嚴格實施，除兵員一項

外，其他各項，各署司應遵照原定計劃，爭取主動，如期完成。由本部分令（軍務署辦稿）各戰區、各補給區、各特派員辦公處，統限本年三月以前辦理完竣。

2. 繳收物資驗收組織，應於月內完成，進行工作，由人事處參事室會同辦理。

3. 聯絡組織，至為重要，如能組織健全，則部隊中各種情形，必可詳細明瞭，而設計指導，亦可獲得詳確根據，務望於月內組織完成，趕速實施。

4. 榮軍安置，對軍隊精神與外間觀感，關係至鉅，應速照計劃辦理，並按期報告。

5. 抗戰陣亡將士的撫卹，及其家屬的援助，安置優待等，應從速擬訂具體實施辦法，與撫卹委員會會稿呈院。（軍醫署主稿）。

6. 各軍事學校駐址，已奉委座批准，經由軍訓部會同各單位開始勘查，即須圖案蓋造，營造司應速接洽辦理。

7. 海軍工作計劃，可先擬本年度必須辦理部份。（海軍處知照）。

8. 此外編餘軍官的調查，軍醫院的考察，均應切實辦理。

三、報告事項

衛戍總部報告

（一）學生遊行請願，週前已得情報，曾召集有關機關

商討對策，前天下午學生派代表二人，前來請
示，由王總司令接見，當答復准予所請。並密
飭軍憲嚴密戒備與保護。經過情形尚好。

（二）各機關士兵伕於各戲院勞軍公演外，每日尚有許
多無票觀劇者，致秩序不易維持，擬請各機關
嚴加約束。

次長指示：

由軍政部承辦會令，通令各機關約束所屬，除勞軍時間
外，絕對不准無票觀劇，違者嚴辦；並在各戲院門首佈
告週知，自二月一日起實施（總務廳辦稿）；至執行辦
法，請憲兵司令部決定。

第六軍彭參謀長報告

（一）各青年軍預備軍官教育，即將開始，過去教育
設備，多感不足，急需增設或修整，教育設備
費，請速發給，或預借若干，並請准予實報實
銷，俾能確收教育效果。

（二）特種兵教育器材，如工兵、通訊兵等，請依其
需要，除由各分校撥用外，其不足者，請酌量
增發。

決定辦法：

1. 各師教育設備費，除前每師借一千萬元外，准再各借
五百萬元，在此範圍內實報實銷。

2. 特種兵需要器材，先造具數量統計，報部核發。

（三）第一、三、四、五軍官總隊報告：
第一、三、四、五軍官總隊請各增設特務排及
通訊排，以應需要。

次長指示：

交軍務署研究。

軍醫署陳副署長報告

南京騎兵學校校址，前經奉准撥交南京陸軍醫院駐用，現航委會已先遷入居住，究應如何辦理。

決定辦法：

仍應洽歸陸軍醫院駐用。

四、散會

第四十八次部務會報紀錄

時　　間：二月二日
地　　點：本部會議廳
出席人員：詳簽到簿
主　　席：次長林
紀　　錄：陳光

一、開會如儀

二、次長指示

今天會報，恰逢舊曆春節，亦即是舊曆一年開始的頭一天。本人最近檢討部隊情形，覺得有幾件緊要工作，亟須辦理，現特提出來報告，請各位趁此時序更新，及早決心來做。

（一）檢討今天軍隊風氣敗壞，紀律廢弛，實在已達極點。造成此種現象，原因雖甚複雜，但主要的原因，還是由於軍政工作，尚未辦好，諸位撫心自問，即可明白。例如部隊情形隔閡，層級責任不明，以致上下蒙蔽，混沌一團，一切設計督導工作，無所依據，怎能圓滿推行政策。歸究責任所在，大家應早下決心，努力奮鬥，而奮鬥的最高原則無他，用一句話來說，就是「克盡自己之職責」對外不和威力妥協，對內力求業務改進。至其實施綱領，可分為四項：
1. 經理清明，分層負責。

2. 人物數目，澈底清算。

3. 堅決執行復員政策，減少機構，整編軍隊。

4. 堅決執行嚴格紀律，懲治貪污，嚴辦放任。

上列四項綱領，如能澈底執行，則頹風定可挽回，紀律必能整飭，整軍建軍政策，方有圓滿執行之望，務希各署司本革命精神，按照綱領，把握時機，努力執行。

（二）卅五年春季充實國軍計劃，現已訂好，這是軍政部應做的事，每年計劃充實國防部隊，亦可說是經常業務。各署司應照計劃執行，並派員考察，現實施期間已屆，應早調度指導。

（三）施政綱要亦經擬訂，各署司於每月月終，應將是月進行事項，及已得成果，自行紀錄，提出成績報告。

（四）對於軍需守則，應注意事項：

1. 每月月終軍需署應用電話，詢問各方已否發餉。

2. 每月應與軍務署查對部隊，有無增減調動。

3. 每逢換季之先，應整理服裝計劃表，與各地主辦者查對數目。

4. 署長應有幕僚組織，襄助其事。

5. 每下一月，必須概算上一月的帳目。

（五）軍需署所提「軍費補給分層負責意見」，各項原則甚對，但應使補給區達成任務。第十一條的補給辦法：

1. 掌握各級補給的組織，責成負責。

2. 從速派遣聯絡組，經常駐各級辦公。

各有關單位注意辦理。

三、討論事項

軍需署提

軍需補給，分層負責意見。

（一）補給區內各部隊機關學校，每月經臨各費，由軍
需署於上月底前撥送或撥匯到達各補給區轉發，
不直發各兵站總監部或供應局（新疆除外）。

（二）各級補給區內各部隊機關學校，每月經常費預
算，由會計處事先核訂列冊，以便撥款。

（三）鈔券運輸，由後勤總司令部及所屬機關主持
辦理。

（四）部隊機關學校整編裁併，由軍務署分行各補給
區知照。

（五）各補給區內各部隊機關學校，每月所需經臨各
費應向補給區司令部，或其所屬補給機關具
領，中央概不發款。

（六）各補給區司令部，應於上月十五日前，將下月應
需經臨各費概算表送達軍需署，以便核發下月
經費。

（七）各補給區司令部，應於下月十五日前，將上月
支付經臨各費列表送軍需署，以便清結。

（八）各補給區司令部，應保有若干週轉費，以資週
轉，其數額及週轉範圍，由本部規定之。

（九）本部及後勤總司令部會同選派幹員，常川駐在

各補給區司令部，切取聯繫，其辦法另定之。

（十）臨時發生案件，或奉命辦理事項，其所需經費之領發，臨時專案辦理之。

（十一）各補給區經發各部隊機關學校經費，應查明各該單位實有人馬數目切實辦理。

（十二）各補給區對各部隊機關學校每月經臨各費，應於次月內清結，並督促其按期對上報銷，對下公佈。

決定辦法：

1. 修正後照原則辦理。

2. 修正原則：

（甲）第一條末句「新疆除外」增為「新疆、台灣除外」。

（乙）第四條「由軍務署分行各補給區知照」一句改為「由軍務署通知後勤總部，轉行各補給區知照」。

（丙）第五條末句「中央概不發款」一句刪去。

（丁）增加第六條文為：「六、各部隊機關學校向本部呈請經臨各費之預算領款報銷手續，概由部定預算第一級單位辦理，其下層單位，不得越級呈請。」

四、報告事項

第十四軍報告

（一）奉到部令：由第六軍撥召集兵補充本部缺額，經接洽結果，該軍自身尚有缺額，無兵可撥。

如何辦理？請示。

（二）本軍蒙部長次長愛護，上級各機關照顧，並且
　　　格外優待，公私均感方便。上二週會報，關於
　　　掌輜事，本軍負責者，實沒有提出任何報告，
　　　或對外談話。

次長指示：

一項向兵役署洽辦。

通訊兵司報告

本司副司長赴滬參加開東北部隊補給會議情形：

1. 請將在渝之通訊兵第六團，於二月底前，開抵上海，
　　再轉船運東北。

2. 我方應儘速（至遲二月底）派遣接收及保管與修配通
　　訊器材五十人至秦皇島，請派機專送。

第一軍官總隊報告

（一）本總隊去年奉令收訓十九個師管區及兩個集訓
　　　營編餘人員二千餘名，當時以各中隊均已滿
　　　額，經與人事處洽商，暫時在白市驛成立臨時
　　　大隊，迄今先後收訓隊員共計二千四百餘名，
　　　原擬俟東北大隊編成，與警官轉業後插缺遞
　　　補，現在東北大隊雖已編成，然先後奉部令收
　　　訓之零星隊員，已抵補無缺，警官轉業，尚未
　　　奉到召集通知，即便奉到召集，亦不能全部補
　　　缺，擬請另行正式成立四個大隊。

軍務署郭副署長答復：

由該總隊正式呈文請求成立。

（二）臨時大隊經費未能向部領到，係由本總隊經常

費項下墊支，現已墊至三月份；再本總隊各大隊經費，在本月八日以後，即無法維持，擬請補發已墊臨時大隊之經費，並以後按月照人數發給。

軍需署陳署長答復：

由該總隊造表派員至署洽領。

五、散會

第四十九次部務會報紀錄

時　　間：二月九日

地　　點：本部會議廳

出席人員：詳簽到簿

主　　席：次長林

紀　　錄：陳光

一、開會如儀

二、次長指示

（一）有關上次會報事項

    1. 三十五年度春季充實國軍計劃，經派專人送
陸軍總部審定適用：並分行各戰區各綏靖公
署知照。各署司對計劃所列實施事項，應按
照規定，切實辦理。特別對可充實的軍師，
要加注意。

    2. 施政綱要中，通訊設施一項，應特加注意。
幾大主要地點，均須設專用電隊，與本部直
接聯絡。往後軍與本部，亦務要做到能直接
聯絡。此外工廠、醫院及訓練機關等，應設
何處，亦須確予規定。

    3. 軍需守則五項，務要切實做到。

    4. 軍需署所提軍需補給分層負責意見十二項，
應切實屬行，由軍需署負責監督。

（二）有關各軍官總隊事項

　　1. 各軍官總隊調查表，兩週前業已規定，速送人事處總核。

　　2. 派員赴西安軍官總隊點驗一事，由人事處、軍務署會辦，經費亦要料理。

　　3. 各軍官總隊選任青年師教官名冊，應速呈報。

　　4. 各軍官總部將官階級人員，除有職者外，一律集中中訓團，統籌分配工作。

　　5. 編餘官佐轉業交通管理者，現決定先訓二千人，本月十六至二十二日報名。（各軍官總隊知照）

（三）有關青年軍事項

　　1. 青年軍徵集兵每師抽出一千名，其用途由軍務署研究簽核。

　　2. 青年師教育器材設備印刷等費，每師全部定三千萬元。（有關單位知照）

（四）冬防服裝發給保守辦法，主管單位速予規定。

（五）開東北五個軍開拔程序如左：

　　1. 新 1A、新 6A、71A 三軍均於四月前運畢。

　　2. 93A、60A 兩軍五月開始起運，八月完畢。

　　各有關單位應注意聯繫，如期完成。

三、報告事項

衛戍總部侯主任報告

（一）一月前軍政部運彈藥車，在永川附近被劫案，當經嚴令緝捕，現已破案，斃匪十餘，其匪首

現向銅梁縣投誠，俟案到再行法辦。

（二）十二月二十九日一品場附近劫車案，正嚴令憲
二十二團及本部稽查處暨巴縣府協緝。

（三）情報所改隸本部，現又縮編為八人，查該所轄
四台，設備相當充備，編為八人，勢難管理，
可否改隸縣府？

決定辦法：

三項情報所改隸問題，俟向聯合會報報告決定。

憲兵司令部湯參謀長報告

（一）擔任青島勤務之憲十一團，刻仍滯留漢口，擔
任天津勤務之憲二十團，刻仍滯留重慶，現
青、津情況特殊，需要憲兵部隊迫切，懇請速
撥交通工具，以便運輸而利勤務。

後勤總部端木副總司令答復：

十一團即可撥輪運滬轉青，二十一團下星期內可車運岳
陽轉輪北上。

（二）本（卅五）年度招募憲兵計劃，業經鈞部核准，
分為二十三省五市，共募二萬柒千餘名。但根
據本部去（卅四）年招募經驗，各團分區招募，
人力、財力、時間，既不經濟，所招素質，亦
欠一致。因此本年擬共分四大區：計東南區
（粵、贛、蘇、浙、皖、台）、東北區（合、
龍、松、嫩、吉、安、遼寧、遼北）、西北區
（晉、察、綏、青、寧）、冀魯豫湘鄂區，由
部派員統籌招募，集體訓練，而後補撥。

（三）本部前奉派東北憲兵接收人員，雖到達尚早，

但東北憲兵機構部隊裝備，已被當地盟軍收繳
解散，致無結果而返。最近迭接東北報告，原
失散之東北憲兵，極願投效中央服務。且各自
攜帶武器，經查素質尚佳，為數約計貳千名，
際茲東北需要迫急，而運輸極度窘困之時，擬
即選派幹部前往收容考選，一面服務，一面訓
練，如何，乞示。

次長指示：

二、三兩項，原則上可照辦。

後勤總部端木副總司令報告

軍政部派往西南點驗美資之特派員，是否隨點隨接，此
與倉庫之接管，及運輸之調度有關，請明令指示。

次長指示：

1. 趙特派員擔任清點整理及接管管理權，至其保管及運
   輸業務，仍由白司令辦理。

2. 各署司對所派各員之指示，須同時通知趙特派員及白
   司令。

軍務署郭副署長報告

（一）各地失業軍官數量膨脹過速，現將超過十萬人，
　　　各方仍紛紛請求收訓，如何辦理，乞示。

次長指示：

速電令各軍官總隊加以限制，慎重甄別，非經請准者，
不得進隊。

（二）各單位聯絡手續上還須研究，往往在決定後再通
　　　知有關單位，致常發生困難。

次長指示：

各單位注意，凡須會同辦理事項，決定前須與有關單位
會商。

軍務署參謀室彭主任報告

關於現駐川、康、滇、黔四省之部隊機關，迭奉部次長
手令，除必須留駐者外，其餘應儘量裁併、遷移，現將
本案辦理情形，簡要報告如下：

（一）已裁併情形：

> 1. 川、康、滇、黔四省原有單位：共計三六六
>   個。（後勤部機關在內）
> 2. 遷移及裁併單位共計五八個。（又駐昆明機
>   關已裁併遷移者，共七十四個單位，合計為
>   一三二單位。）
> 3. 現尚留駐四省單位共三〇八個。

（二）今後應請注意事項：

> 1. 後勤總部留駐單位，尚有二五四個，奉諭裁
>   減三分之一，歸併遷移三分之一，保留三分
>   之一，並限三月底以前辦理完畢。
> 2. 各單位原擬遷移及裁併單位，多未註明期
>   限，現奉諭分別限期遷移歸併。
>
> 以上兩項，均正另案下令中，特提請各主管單
> 位注意，從速辦理。

通訊兵司吳司長報告

謹將本司對於亟須加強通信裝備情形報告如左：

（一）本部設專用電台案，第一期為重慶、武漢、南
> 京、上海、徐州、鄭州、北平、天津、廣州、

昆明等十處，已於元月底完成。第二期正繼續
辦理中。

（二）對於春季充實國軍計劃之實施：

1. V-701 報話機及 B-19 式通信車，均可按預定
轉配之；惟通信車在昆明，須待車輛加以修
整後，開赴各地分配。

2. 加強各軍軍部與中央無線通訊案，軍部可各
配 100W 機一部，除已電各戰區由接收敵器
材中配發外，其餘由本部修造廠製造配發，
現元月底已製成二十部，正待運發。又本
（二）月份再製二十部，繼續分發。

機械化司諶副司長報告

我軍遺留印度戰車，週內將由加爾各答起運上海，但本
部核定，接收該批戰車之部隊，現尚滯留湘境，擬請
後勤部查照本部亥齊子寢子世各代電，轉飭有關各補
給機關。

1. 在湖南芷江之戰車第一營速撥油料使即開武漢，再派
船接運赴滬。

2. 在長沙一帶候油及火車之戰車第三、五營，速設法
撥發必需之油料及運輸工具，即運武漢，再以輪
船接運赴滬。以上三個營有於半月內到達上海之
必要。

次長指示：

各該營有於半月內到達上海之必要，請後勤司令部運輸
處速照辦。

軍械司洪司長報告

關於充實國軍計劃，本司擬先在南京、武漢及西北，先儲備一部份械彈，請後勤總司令部，予以提前運輸，以便能於春季調整完畢。如運輸工具困難，亦望能先將武器運往上列各地點。

後勤總部端木副總司令答復：

械彈運輸計劃，後勤總部已經研究，並將要點通知軍械司及運輸處，迅即會擬實施計劃，以便遵限完成。

馬政司武司長報告

西北各牧場馬乾，已規定由第八兵站總監部補給，但由卅四年六月起，至現在止，實物既未補給，代金亦不發給，請示如何辦理。

次長指示：

軍需署速電第八兵站總監查報。

第三軍官總隊傅總隊長報告

（一）軍官總隊准尉級隊員，請准參考警官轉業考試，可否，乞示。

（二）軍官總隊之警衛與通訊必須設置，倘礙法令，擬請將警衛隊部改設兩班，通訊排由就近之通訊兵團撥用。

次長指示：

1. 一項由整軍組趙組長與警校商議，准予參加補考。

2. 二項由軍務署規定辦理。

四、散會

第五十次部務會報紀錄

時　　間：二月十六日
地　　點：本部會議廳
出席人員：詳簽到簿
主　　席：次長林
紀　　錄：陳光

一、開會如儀

二、次長指示

（一）軍官總隊選任青年軍師教官一事，應速妥為辦理，人事處迅即規定各總隊、各大隊選任人數，調至何軍何師，應在何時報到，及如何優予待遇等項，分別電知，並將名冊特加登記，以免臨時往還請示，而致耽擱，至教官有特別困難者，可由各總隊謀求解決。

（二）現各軍官總隊，駐地分散，管理上務須特加注意，時時提醒隊員恪守紀律。（各軍官總隊知照）。

（三）中訓團可先酌派一部份人員，返京籌備工作。

（四）以後無論成立何種特別團隊，凡請發槍械，應絕對慎重發給，以免滋事。

（五）海會寺房子須加修理，該地分團教育長已有設計，營造司接洽辦理。

三、討論事項

次長提

頃接廣東省政府羅主席電，略以憲兵教導第五團學兵，大多係從軍青年，現已戰事勝利，多願退伍復學，或請求保送其他軍事機關受訓，可否希酌奪等由。各有關單位意見如何？請討論案。

憲兵司令部意見：

青年軍奉命撥充憲兵者，有三、四、五，三團，其退伍問題，似可照軍政部規定，凡意志不堅，自願退伍者，准予退役，其缺額由團就地依照憲兵考選辦法募補。

決定辦法：

1. 先調查各團隊從軍青年志願退伍者全部人數，統籌辦理。

2. 處理原則：

   (1) 志願退役者，准其退役，於五月底經考試及格者，登記為預備軍士。

   (2) 不願退伍者，依青年志願兵辦法辦理。

   (3) 由憲兵司令部與軍務署分別調查。

四、報告事項

衛戍總部報告

（一）近查無牌照吉普車，以航空委員會為最多，取締時則言方從盟軍接收，牌號尚未編定，因有急事臨時使用。對於此項車輛，是否一律扣繳軍政部，請示。

交輞兵司答復：

本部已發牌照號碼與航委會，並通知從速登記。往後無牌照車輛應予扣留。

（二）本月十四日下午第五軍官總隊隊員，與海棠溪糾查站糾紛情形。（本案已另案請示從略）

（三）近日各工廠，又接連發生工潮，經分別派兵鎮壓及防範。

憲兵司令部湯參謀長補充意見：

關於本市普通性質之民眾團體集會警衛問題，似可指派警察擔任，凡無直接影響治安之事態，不宜派遣武裝部隊及憲兵，以免誤會而生事端，擬請衛戍總部嗣後注意。

次長指示：

憲兵司令部意見甚妥，可照辦。

兵工署製造司報告

（一）肩領章共二百八十萬四千枚，需六月底方可全數繳清，原定三月份實施新制服案，無論如何，亦來不及，擬請展期。再其樣式已決定，以後請勿再有變更。

（二）完成後應交何處？

（三）所需價款二六七、○六六、○○○元，請速核發。

（四）此次製造肩領章數，係以現有官佐數每人一付計算，是否仍需多造？

次長指示：

1.一項時間稍遲，恐趕不及換季之用，仍須從速。

2. 凡請肩領章機關，均須開列請領人數、職級、姓名，
　按照核實發給，藉以確查各機關人數。

3. 餘由軍務、軍需兩署研究後，與兵工署接洽辦理。

青年軍退伍管理處戴兼主任報告

青年軍退伍管理處未有辦公地點，擬請指定地方，俾便
進行工作。

決定辦法：

1. 辦公廳新造房子尚有空，由總務廳向其洽讓一部。

2. 海軍處儘速還都，還都後房子可讓出。

3. 英美贈送三艘兵艦，由總務廳與海軍處向後勤總部洽
　接修理。

五、散會

第五十一次部務會報紀錄

時　　間：二月二十三日

地　　點：本部會議廳

出席人員：詳簽到簿

主　　席：次長林

紀　　錄：陳光

一、開會如儀

二、檢討上次部務會報紀錄

三、次長指示

（一）青年軍志願退伍者，除憲兵團隊外，新一、新六各軍，恐亦不少，主管單位應先予調查，規定辦法。原則上，在部隊中的，如該部隊正負擔受降任務時，尚不能退伍，俟五月間勤務工作完成後，可准退為預備士，其志願充預備軍官者，可授以預備軍官訓練後，退為預備軍官。應簽准後遵辦，由軍務、兵役兩署研究辦理。

（二）肩領章以造冊報領核實發給為原則，但部隊分駐各地，如各級名冊直接送部，需時必多，似可授權各軍發給，再由各軍將名冊送部。關於領發方式，有關單位可妥為研究，務使各級請領，不感困難，時間不致耽誤，人數亦得以確查。

（三）汽車部隊應積極整頓，汽車訓練班應速成立，

望主管機關從速進行。

（四）榮軍轉業之計劃，應速實現，軍醫署須按照計劃切實督促。

（五）西南機關清理後，軍務署應開列機關清單，通知各有關單位。

（六）中訓團將官隊，除先集中駐渝各軍官總隊大隊之將官外，駐遵義者亦可下令召集。

（七）現亟需各軍官總隊官佐志願調查表冊，人事處迅派人赴各總隊，督促速報，在外省者繼續電催。

（八）春季國軍充實計劃，各署司工作進行如何，應加檢討。

四、報告事項

中訓團黃副教育長報告

（一）交通管理班及警官訓練班，即將召集，營房問題，請予解決。

參事室趙組長答復：

警官訓練班營房，已定彈子石江北兩處，交通管理班營房，定在中訓團。

（二）本團預訓學員生，每期在南京有一萬人以上，現南京營房，僅能容納三千人，請營造司就現有營房撥用或予擴充，以利工作。

（三）將官隊定三月一日成立，請各軍官總隊知照。

（四）譯員訓練須繼續招考，現外事局已取消，可否由軍政部主辦，請示。

次長指示：

四項譯員招考事，容與有關機關研究決定。

憲兵司令部報告

（一）現湘粵桂三省補給供應機構停發軍糧，以代金交
　　　當地駐軍自行購食，因代金低於市價過多，至
　　　使官兵每日不得一飽。請嚴令三省各補給供應
　　　機構，停發代金補發實物，如代金係糧食部所
　　　發，則請其照市價發足，逕令當地田賦管理處
　　　或地方政府購辦實物，交由各補給供應機構轉
　　　發各部隊。

（二）副食費標準，請予調整或飭補給供應機構，遵照
　　　規定補給定量現物。

次長指示：

1. 一項主食問題，已奉委員長規定，前方各部隊軍糧，
　　由各地糧政機關採購食物，交補給機關核實發給，糧
　　秣司照此規定，速與糧食部會擬改善辦法報核。

2. 二項副食費問題，由軍需署負責調查各地區差價，根
　　據各地區實際情形，擬定分區調整辦法，呈核辦理。

兵役署鄭副署長報告

上次會報次長指示凡請發肩領章機關，均須開列請領名
冊，按照核實發給，藉以確查各機關人數一事，僅擬具
辦法二項，請示。

（一）現離發給時間尚有兩、三月，可即電令各部隊
　　　機關學校造報現有軍官佐職級姓名冊。

（二）擬請在肩領章上刻明官號，按照所報名冊，查
　　　明官號發給。其有以前無案者，速行報會請委

標號發給。

次長指示：

交軍需署參考，研究辦理。

第三軍官總隊傅總隊長報告

（一）凡行伍出身，年老體弱，籍隸西南各省之隊員，
擬請就近在渝依照條例，分別予以退役資遣，
彼等既感還鄉之便利，國家亦可節省旅費，可
否，乞示。

次長指示：

可照辦，六月以前必須舉行，先報者先辦。（人事處
知照）

（二）奉調工作轉業或長假及除名隊員，多數在離隊
時，如令繳還服裝，即無衣著，且其服裝已著
用數月，即令繳還，亦不堪用。擬請准予隨
帶，並予以註銷。

次長指示：

可照辦。

第六軍報告

（一）本軍各師徵集兵，最大限度，只能撥十四軍兩千
名（部令規定撥三千名），因各師駐地除二〇
二師稍集中外，均極分散，原有運具缺如，且
汽三團之汽車，迄未撥給，在預幹教育正加緊
實施之際，不宜讓一般青年士兵，再任擔柴運
米之責，撥出之分配數如下：

1. 二〇二師九百名
2. 二〇四師五百名

3. 二〇五師五、六百名

請飭十四軍前來接領。

（二）請設法就各師駐地附近之砲兵部隊中，撥借教練

砲（山野砲－戰防砲）若干。

步兵司答復：

第六軍所需教練砲已照辦。

第六軍官總隊余總隊長報告

本總隊隊員約千人，均睡地舖，春來雨水潮濕，請飭營

造司架設雙人高舖，以免疾病。

次長指示：

由該總隊速自行架設，所需費用檢據報銷。

軍械司洪司長報告

過去軍事委員會通令，本司多未奉到。查通令指示，

多與補給有關，擬請以後加印一份，分發本司，俾便

查考。

次長指示：

可照辦。

五、散會

第五十二次部務會報紀錄

時　　間：三月十六日
地　　點：本部會議廳
出席人員：詳簽到簿
主　　席：次長林
紀　　錄：陳光

一、開會如儀

二、次長指示

本部目前最緊要工作，就是部隊的整編復員。第一期的第一階段計劃，業已決定五月底以前完成。期限緊迫，各單位對執行此一任務的各項工作，應速切實準備。茲將主要事項提出，務希注意辦理。

（一）整編復員者的處理：

第一階段整編下來的人數，一定很多，安置的原則如次：

1. 官佐一律編入軍官總隊，分別退役或轉業；至部隊與軍官總隊間如何配合收編，由軍務署計劃。

2. 士兵先予編隊，開至兵站區或供應局附近結集，然後再分別予以退役，或集團轉業，或補充部隊。

（二）各部份的準備事項：

1. 整編部隊之主官，對編餘官佐應行處理的工

作，由軍務署予以規定，並督促其執行。

2. 現各軍官總隊由本部直接管理，因駐地分散，對各總隊的工作及隊員生活，常有隔膜及散漫之感。可按照地區分別劃歸中訓團分團管轄。主管單位應妥為劃分。未設分團地區之總隊，暫由本部管理。至經費方面，應歸那一部份負責管理，可再研究。

3. 退（除）役軍官聯合辦事處，應速組織，規模務要完備。可多挑精幹人員加以訓練，預備將來派往各總隊辦理退除役工作。

4. 編餘安置計劃會，應做的工作很多，須積極準備。

5. 各補給區對編餘官兵宿膳，及將來轉業各有關工作，均應準備辦理。手續應求簡單化，以資迅速。

上述各節，均係與此次整編復員攸關事項，因機構多，工作繁，各部份業務，應予劃分，大概如次：

1. 所有軍官總隊管理工作，由中訓團各分團負責；

2. 軍官佐退除役業務，由軍官佐退除役辦公處負責；

3. 士兵退役業務，由兵役署負責；

4. 官佐轉業業務，由編餘安置計劃會與中訓團聯繫辦理。

5. 整編部隊應做工作，由軍務署規定督促執行。

　　6. 軍需署及會計處應配合部份業務辦理。

此外關於官兵待遇改善問題，部長極為關懷，曾經一再請求委座，並與行政院有關部會商。現原則上文武一致已經決定，數目方面，此數天內亦可解決，希望本月份可以實施，各位可將情形轉告部屬。

三、報告事項

中訓團黃副團長報告

（一）本團還都人員車費，後勤總部已答應照墊。此筆款目，將來從何項下報銷？乞示。

（二）還都補助費，每人照軍政部例，先發借支十萬元，惟有眷屬人員，實不敷用。可否每人借支二十萬元，俟還都補助費正式決定後，再行補扣，並請借支三、四月份薪餉。

決定辦法：

1. 一項車費請後勤總部在預備費項下開支，如有不足，由本部代墊；

2. 在軍職人員還都補助費未正式決定前，仍照本部規定每人先發十萬元。至三、四月薪餉可照借。

軍需署陳署長報告

（一）九戰區資遣人員資遣費，據報需五億餘元，已先撥二億元，並擬令餉補給區指派幹員，就近算結。

（二）軍官總部經理，似應隸屬地方補給機構。

（三）廣州行營請發營繕費情形。

衛戍總部報告

（一）兵力駐地調整後，以 14A 為基幹，如何配備，正在商榷中。

（二）陪都警衛繁重，軍政部及航委會特務團開走後，兵力過於薄弱。

（三）請示事項（另詳書面）。

兵役署鄭副署長報告

有關軍官佐退（除）役聯合辦公處事項，報告如左：

（一）卅五年度退（除）役軍官佐，預定一九〇、〇〇〇人，似應分期退役，究竟那個單位先辦退役，在何月何日退役，每期應退役若干，須先決定；並希整編部隊機關，將退役軍官佐名冊，在預定退役日之前二個月提出。名冊內容，如職級及服務年資、籍貫等，均與退役有關，請確實填報。

（二）各單位陳報退役名冊後，由銓敘廳及本部軍需署與會計處，分別負責承辦退役核算發款等工作；但退役人員增加，則各單位業務繁重，須增工作人員，可由各單位預算呈請批准，總期收到退（除）役名冊後，能在二個月內將各項手續辦完。

（三）各單位增加之經費及辦公實物，由各單位自行陳請。

（四）聯合辦工處辦公地點，應設重慶或設南京，請賜指定。

次長指示：

該處工作，即須開始，辦公地點，應先設重慶。

第三軍官總隊傅總長報告

第三軍官總隊駐地星散，房屋狹小，講堂飯廳均無法設置，管理教育均感不便，而且各級隊部辦公器具闕如，官佐隊員寢室床板不敷分配，為數甚鉅，既礙衛生，猶有損健康，懇請調整駐地，並撥發各種用具，以利管教。

次長指示：

1. 駐地即由營造司迅速調整。

2. 用具及床舖板，由營造司盡量撥給，如不敷用，可自置報銷。

四、散會

第五十三次部務會報紀錄

時　　間：三月三十日
地　　點：本部會議廳
出席人員：詳簽到簿
主　　席：端木副總司令代
紀　　錄：陳光

一、開會如儀

二、報告事項
後勤總部端木副總司令報告
（一）本年三月二十三日奉部長交下白司令呈報西南
　　　四省部隊及軍事機關二月份領糧單位人馬統
　　　計表，當依照各部隊機關性質分為三類，遵批
　　　整理。
　　　　1. 凡屬軍事委員會直轄者，除停發部分，即由
　　　　　本部轉飭第四補給區遵照通知辦理外，其奉
　　　　　批應行裁撤或調出單位，請由軍務署通知照
　　　　　辦，計原有單位一九八個，官兵二二五、
　　　　　七一八員名，馬一、五六〇匹，應調出單位
　　　　　五個，官兵五、六三六員名，裁減或停止發
　　　　　糧單位八三個，官兵一八、〇四三員名，比
　　　　　照原有實裁減單位 42%，人員 10%。
　　　　2. 凡屬軍政部直轄者，已經分送各主管署司，
　　　　　就各單位業務情形，詳細檢討，遵批擬定整

理辦法，分別註明；即請軍務署以部令分飭
遵照。計原有單位三九七個，官兵六〇四、
七六四員名，馬一四、五三七匹，應調出單
位六三個，官兵五一、七五九員名，馬三三
〇匹，裁減或停止發糧單位九五個，官兵
三二、二二六員名，馬一四四匹。比照原有
數實減單位 24%，官兵 14%，馬匹 10%。

3. 凡屬後方勤務總司令部直轄者，除遵批辦理
外，並經再四檢討，其中一部份，雖未奉批
示，而仍可以縮減者，亦均予裁撤，當由本部
分飭遵辦。計原有單位四九一個，官兵五九、
一五九員名，馬一、八五八匹，調出單位一〇
個，官兵一、八九〇員名，裁減單位二九七
個，官兵三三、二九五員名，馬一、八五八
匹。比照原有數實裁減單位 61%，官兵 51%，
馬100%。

4. 以上三項，原有領糧單位一、一一〇個，餘
接收美資單位二四個，本屬臨時性質，任務
完畢，即須裁撤，但仍先行裁減官兵五、
二八三員名外，共計調出單位七八個，官兵
五九、二八五員名，馬三三〇匹；裁減單位
四七五個，官兵八八、八四六員名，馬二、
〇〇二匹。比照原有數實裁減單位 43%，人
員 16%，馬匹 13%，即五月份只有領糧單
位五五七個，官兵七五二、二五五員名，馬
一五、六二三匹。

（二）查本案原奉批示，應核實發給，總人數不能超過三十五萬人等因，但冊列奉批取銷及停發者，共只二〇五單位，官兵五五、三七四員名；奉批調出者，計七五單位，官兵七三、六一六員名；兩共僅能減少單位二八〇個，官兵一二八、九九〇員名，實際已核定調出及裁減單位，計共五五三個，官兵一五三、四一四員名，馬二、三三二匹；但仍與減至三十五萬人之數相差尚遠；惟查現有人數中，各項建制部隊，計有三九四、二三二員名，各軍事學校計有五五、二七六員名，各兵工廠、被服廠、紡織廠等計有八九、六六四員名，各醫院休養院等計有四六、七二四員名，合共五八五、八九六員名，佔最大多數，其他機關，僅佔一六六、三五九員名。在目前情形，似已無可再減，且中央各機關還都在即，將來更可減少，經呈奉部長批示，先照此規定，限四月底辦妥等因，謹此報告。

憲兵司令部湯參謀長報告

（一）調青島服務之憲十一團，抵滬數週，無船北運，而青島需兵孔急。

（二）調東北服務之憲六團，因需用迫切，熊主任迭次電催，至今以交通工具無著，迄未北運。

以上兩項，懇飭後勤部速辦。

決定辦法：

海運現正趕運開往東北部隊，急運憲兵，可先與調配委員會接洽。

儲備司莊司長報告

上星期六軍委會軍事會報，以新制式肩領章，在整軍期間，不宜更換，決議於明年夏季起開始實行，本年夏季先換新式軍服，領章照舊。一俟簽呈委座批准後，即行公佈。

青年軍退（除）役管理處報告

（一）青年軍第六、九、卅一各軍（二零七師除外）志願兵，本准於本年五月底退役，撥入新一軍、新六軍、憲兵教導團、輜汽團、陸軍突擊隊各單位志願兵，應否准予一併於五月底退役，請示。

決定辦法：

專案請示。

（二）一項所述各單位志願兵退役後其身份如何確定，請示。

決定辦法：

即與銓敘廳、軍訓部會商辦理。

第三軍官總隊傅總隊長報告

本總隊營房缺乏，第五大隊仍駐白市驛，距本部數公里，督促管教，諸感不便。查前幹訓團駐用歇台子之營房及器具可以利用，擬請撥給第五大隊遷駐，以利管訓。

決定辦法：

由第三總隊與營造司，各派一人會同洽辦。

第五軍官總隊余總隊長報告

（一）本總隊駐南坪機場附近，房屋不夠，且多漏雨，隊員多睡地舖，請營造司速加修理。

（二）考取警官甲級班之上中校，定四月廿日以前到南
　　　京報到，交通工具及旅費如何？請指示。

（三）本人奉調十一軍官總隊，遺缺以陳副總隊長令鐵
　　　兼任，乞轉陳兼總隊長速來到差，俾便交接。

決定辦法：

1. 一項由營造司，即派員至隊估計，並協助修理。

2. 二項由人事處統籌辦理。

3. 三項由人事處令催。

三、散會

第五十四次部務會報紀錄

時　　間：四月十三日
地　　點：本部會議廳
出席人員：詳簽到簿
主　　席：次長林
紀　　錄：陳光

一、開會如儀

二、次長指示

（一）廣州莫特派員來電，略謂准粵桂閩區敵偽產業
　　　處理局函，要求將本部接管之製藥廠等八廠，
　　　移歸該局處理，應否移交，請迅指示等由。各
　　　署司對該八廠有無需要，可即分別核定，由軍
　　　需署電復辦理。

（二）建庫委員會工作，現告停頓，該會原由兵工署兼
　　　任主任委員，仍應從速擬定建築計劃進行工作。

（三）批定發給傅長官部隊之武器車輛，主管單位應
　　　速與運輸機構商洽，提早撥運。

（四）西南單位清理情形，應切實注意辦理。

三、報告事項

中央訓練團黃副教育長報告

（一）廬山分團接收九十九軍九江營房，經勘查，修
　　　理費約需四億元，修理時間，約需三個月，擬

請營造司從速接洽修理。

（二）大坪交通訓練班營房，一部份係稻草蓋成，需修
理後，方可駐用，如何辦理？請示。

次長指示：

1. 營造司先洽修九江營房應用。

2. 大坪營房，由中訓團計劃修理，經費報銷。

兵工署楊署長報告

（一）福建永安、貴州桐梓及重慶等地，所存舊式機
器，搬運則費用太多，保管既多糜費復不免銹
壞，如本部不用，可否移送附近教育機關。

次長指示：

可送教育機關。

（二）還都日期，應早決定，目前兩地辦公情形，頗為
散漫，如本月底決移中心於南京，則人員與公
事，均應及早籌劃趕運。

次長指示：

本部月底必須還都，此間以補給區作總機構，由補給
司令負總核之責，各署司是否需要留有組織，可先計
劃部署。

青年軍復員管理處戴主任報告

二○一、二○二、二○三、二○四、二○五、二○六，
六個師留營人數共二、五八七人，預定任初級軍事幹部
者七三八人，任政治初級幹部者八二人，投考軍校者
一、七六七人。其中任政治幹部者，業已電請政治部設
法安置，惟投考軍校者，因各軍事學校今年停止招生，
未能辦理，擬先集中訓練，充任各師班長，一年後擇優

選送軍校，可否乞示。

次長指示：

可照辦。

衛戍總部報告

（一）新二十五師奉命調防，所遺防地由十四軍接駐，現據報尚未交接，應否遵命交接，請示。

軍務署答復：

可以不接防。

（二）衛戍總部現有房子，係租用民房，房東屢請收回，可否於政府還都後，由軍事機關所遺房地中酌撥應用。

次長指示：

軍委會還都後，可酌撥，由營造司籌劃。

（三）衛戍總隊直屬各單位編餘人員五十四員，先後呈報軍政部准予送訓，尚未奉復，請迅核示。

次長指示：

該員等非軍人，進軍官總隊不合式，可造冊來部，轉請社會局安置。

（四）現規定官兵副食費四千元，照市價不足購買定量實物，可否改發貸金或增加副食費。

次長指示：

仍以發給實物為原則，如確不敷，再設法彌補。

憲兵司令部湯參謀長報告

（一）奉命調赴東北之憲六團，交通工具迄未解決，其路線有二，請指示。

次長指示：

可由隴海線至京，再海運北上。

（二）調魯服務之憲十一團，已於四月一日到達青島，頃接濟南王司令官電囑速調一部赴濟服務，惟以膠濟路刻下仍難通過，如何辦理請示。

次長指示：

由部通知航委會空運。

（三）小龍坎憲兵醫院已撤銷，房屋已空出，請速派員接收。

次長指示：

由第三軍官總隊長代表接收具報。

（四）刻本部開始陸續歡還都，普通公文，即日起請改寄南京，緊要公文自廿五日起，亦請寄京。

兵役署鄭副署長報告

（一）希望各軍官總隊，從速造具學員名冊，送銓敘廳，並請每一學員各附照片五張，以為辦理人事根據。

（二）參加第一期整編部隊人員，行將出發，關於官兵人事，可否召集有關機關協商一次。

次長指示：

1. 一項可正式提請中訓團辦理。

2. 二項可以復員規定辦法為依據，與各有關機關研究後，將決定辦法送閱。

第三軍官總隊傅總隊長、第廿六軍官總隊郭總隊長報告

（一）夏天已屆，郊外蚊蚋甚多，每易傳染瘧疾，請速

發蚊帳及白臥單。

（二）第三總隊歇台子營房破爛，請予修理，第二十六
　　　總隊營房不夠，擬借航委會房子駐用。

（三）小龍坎憲兵司令部醫院房屋，請撥交第三軍官總
　　　隊接收。

次長指示：

1. 蚊帳由儲備司發給。

2. 破漏營房，由中訓團統籌簡單修理。

3. 如航委會有房子可借，廿六總隊可呈報由部洽辦。

4. 憲兵司令部醫院房產，由第三總隊長代表本部接收
　　具報。

四、散會

第五十五次部務會報紀錄

時　　間：四月二十七日
地　　點：本部會議廳
出席人員：詳簽到簿
主　　席：次長林
紀　　錄：陳光

一、開會如儀

二、次長指示

（一）本部在渝會報至此次為止，以後隨工作重心移
　　　至南京舉行。本部還都後各單位留渝負責人
　　　員，業已決定，其主要任務如次：

　　　1. 家屬輸運。

　　　2. 房屋接管。

　　　3. 轉業考試人員之照料。

　　　4. 對外接洽，屬於一般性者，由部辦公室留渝
　　　　許參議高陽負責；屬於業務專門性者，由各
　　　　單位代表本部行之。

（二）春季重點充實計劃及整編工作，辦理情形如
　　　何？應加檢討，如期完成。

（三）師管區案須注意已否批准，以便進行，管區訓練
　　　班各種計劃及副主任人選，由兵役署擬議呈核。

（四）西南區單位清理，應照預定計劃，盡最大努力
　　　辦理。其外運部隊與物資，速督促施行。

（五）勤務部隊之收編與福建部隊之整編，均應即下命
　　　令辦理。

（六）後勤總部房屋，改給軍官總隊駐用。

（七）高等警官訓練班人選，從速決定。

（八）陶柳軍官總隊之偽軍官隊，應慎重處理，曾任偽
　　　軍軍官人員另外編隊以免發生不良反響。

三、報告事項

中訓團黃副教育長報告

現已屆四月底，譯員待遇調整問題，仍未決定，應如何
規定支薪？請示。

決定辦法：

1. 譯員一律不定官階，分為一、二、三、四，四級，參
　照上校至上尉之給與另加二成加薪之標準，調整為：
　一級十一萬元，二級十萬元，三級九萬元，四級八
　萬元，自三月份起實施。

2. 本部僅負派用之責，各員官階，商請銓敘部敘定。

兵役署徐署長報告

（一）關於徵屬優待，向由地方政府辦理，近有人極力
　　　挑撥，甚至以巨款收買徵屬及流氓，到處請願，
　　　新華日報每天所載，均非事實，有意煽動，殊堪
　　　注意。除嚴飭承辦機關，謹慎處理外，謹提出報
　　　告。請衛戍總部對此等非法行動，注意防範。

（二）第二期部隊整編，現在趕辦中，本部派出辦理
　　　士兵撥補及退伍人員之費用，擬請軍需署先借
　　　二千萬元，將來照規定報銷。

衛戌總部報告

（一）五月節屆，今年治安問題較往年嚴重。最近發現
　　　衛戌區內匪徒，有穿軍服及工人服裝者，影響
　　　治安甚大，本部對於防務已有精密部署，希望
　　　各單位約束士兵聚毆行為。

（二）本部抗戰期間，衛戌陪都責任綦重，在職人員不
　　　無微勞。茲以勝利還都，本部雖未在序列，但
　　　大多數官佐，均為外省籍，還鄉之念，自屬甚
　　　切；擬請按照還都人員待遇發給補助費，以資
　　　激勸。如何，乞示。

李會計長答復：

軍事機關人員還都補助費，業經軍事會報決定，不列還
都程序者，不發給。

（三）新廿五師與十四軍交接防務一事，現僅交接一
　　　部，尚有一部份未進行，應否即行交接？請示。

決定辦法：

應交接。

憲兵司令部湯參謀長報告

（一）各憲兵團調動情形。

（二）本部還都，下月可完畢。

十四軍羅軍長報告

（一）現十四軍駐渝近郊部隊多數係駐民房，請將政府
　　　還都後所遺營房，指撥一部與本部駐紮。

次長指示：

由營造司辦理。

（二）本軍防地廣闊，防務複雜，查現所守衛地點，多

　　有無價值者，請限制守衛單位至最少限度，以
　　節約兵力。

次長指示：

由衛戍總部與留守機關研究，限制縮小。

（三）本軍現在共有超級軍士三千九百多名，自三月份
　　　起照新給與計算，需款一千七百多萬元，可否
　　　照發？請示。

次長指示：

可照發，惟此後應將超級軍士，逐漸調出，以合編制。

海軍處報告

昨奉次長條諭，飭將美原等三艦，速交民生廠修理等
因；是否仍遵前案，暫撥交交通部轉交民生廠修理，
請示。

次長指示：

應暫撥交通部交修。

四、散會

第五十六次部務會報紀錄

時　　間：五月十一日
地　　點：本部會議廳
出席人員：詳簽到簿
主　　席：部長陳
紀　　錄：陳光

一、開會如儀

二、部長訓示

今天是本部還都後第一次部務會報，要解決的問題很多，茲先就大家切身的住食問題，及軍事機構改組的情形，提出報告。

（一）住的問題：還都後第一困難事情就是房荒。軍事
　　　機關人多，故佔用房子較多，外間多持非議，
　　　非求整個的合理處置不可。現在南京的房子，
　　　大約不外四種：

　　　1. 營產：軍事機關，可盡量利用。

　　　2. 公產：文武機關，皆可駐用，惟如何分配，
　　　　　當聽候解決。

　　　3. 民房：不合手續佔用的民房應即交還原主，
　　　　　尤其是貧窮人民的房屋，不能佔住，如係資
　　　　　本家的房屋而暫時無法遷讓者，則可商請房
　　　　　東借用或租用。

　　　4. 敵偽產業，應以合法手續向敵偽產業管理局

撥用或租賃。至職員宿舍，應即酌量建造，
如有現成可資修理者，速予修理。

（二）生活問題，委員長指示：今天要解除公務人員生
活困難，只有配發實物。本部決先遵行，柴米油
鹽等項迅籌配發。七十四軍下月份起亦配發實
物，憲兵司令部、警備司令部均須照此辦理。

（三）本部應盡速清理接收物資，毋使霉爛，並可敦請
中央黨部、監察院、參政會派員參加協議分配。

（四）軍事機構改組問題：委員長指示：軍事機構最
遲本月底要改組完畢。現在我們正在遵命辦理
中，此次改革，融合海陸空軍三部為一體，組
織簡單而健全，還希望大家通下決心，勿存
私念，俾得圓滿實現，以為建軍建國之基礎。
現在各位一面準備交代，一面還要照常努力工
作，不能稍存懈怠。

（五）治安問題，地方治安，應歸憲兵與警察分別負其
全責，大都市之秩序，更不宜依賴正規軍隊之
維持，必要時可特別組織一個團或一個營，配
以輕便優良快速之裝備，以防意外，可先由南
京做起。（軍務署計劃）

（六）近來學生與民眾穿著軍服軍帽者不少，憲兵司令
部須再行佈告，執行取締。

（七）倉庫、練兵場及學校區，總長何均有指示，軍需
署、軍務署應遵照分別計劃。

三、報告事項

後勤總部黃總司令報告

本部接收特派員辦公處移交中央路汽車修理工廠及油庫各一所，均係敵軍徵佔民房或民地加以建築者，現正積極會同市政府地政局丈測彙案報核。頃接丁委員惟汾專函，謂在該油庫界內有私產地皮數畝，淪陷期間被敵軍建為紅磚庫房，現為油庫辦公及存油之用，聲請將房地發還。究應如何辦理？請示。

部長指示：

可徵用。

軍需署陳署長報告

（一）二十七個軍整編後，人馬數目及補給情形。

（二）請軍務署派員會同勘察南京近郊，建築一個師營房地址。

（三）首都軍眷生活必需品籌備補給情形。

（四）中央軍事機關職員（眷屬）宿舍地址，業已選定前中央軍校後面，富貴山下隙地，並擬於下週招標建築。

（五）非軍人穿著軍服案，早已令行，並經登報周知。

中訓團黃副教育長報告

（一）部隊編餘官佐請求受訓，應如何辦理？請示。

人事處答復：

部隊編餘官佐，經決定由各軍官總隊就近收訓，並已通知各行營、各綏靖公署、各部隊及各軍官總隊知照。

（二）將官隊原定一二〇人，現人數激增，將來恐超出一千人以上，可否改為將官班，班下分組。

次長指示：

名稱可改，但進隊時須加考核。

兵工署楊署長報告

清理接收軍用品，現運輸尚有困難，因司機及搬運工人工資過低，不易僱到，可否照市面一般工資酌加，乞示。

部長指示：

可由後勤總部組織運輸隊搬運。

憲兵司令部張司令報告

憲兵學校未有地址，請將丁家橋原交輜學校舊址撥歸使用。可否，乞示。

次長指示：

原則照辦，俟存放之物品搬移後撥用。

四、散會

民國史料 42

軍政部部務會報紀錄
（1945-1946）

Meeting Minutes of
Military Administration Department
1945-1946

主　　編	陳佑慎
總 編 輯	陳新林、呂芳上
執行編輯	林弘毅
文字編輯	王永輝
美術編輯	溫心忻

出　　版　開源書局出版有限公司

香港金鐘夏愨道 18 號海富中心
1 座 26 樓 06 室
TEL：+852-35860995

民國歷史文化學社 有限公司

10646 台北市大安區羅斯福路三段
37 號 7 樓之 1
TEL：+886-2-2369-6912
FAX：+886-2-2369-6990

http://www.rchcs.com.tw

初版一刷	2020 年 12 月 31 日
定　　價	新台幣 400 元
	港　幣 105 元
	美　元　15 元
I S B N	978-986-99750-4-9
印　　刷	長達印刷有限公司

台北市西園路二段 50 巷 4 弄 21 號
TEL：+886-2-2304-0488

國家圖書館出版品預行編目 (CIP) 資料
軍政部部務會報紀錄 (1945-1946) = Meeting
minutes of Military Administration Department
1945-1946/ 陳佑慎主編 . -- 初版 . -- 臺北市 : 民
國歷史文化學社有限公司 , 2020.12

面；　公分 . -- (民國史料 ; 42)

ISBN 978-986-99750-4-9 (平裝)

1. 軍事行政

591.2182　　　　　　　　　　　109019848